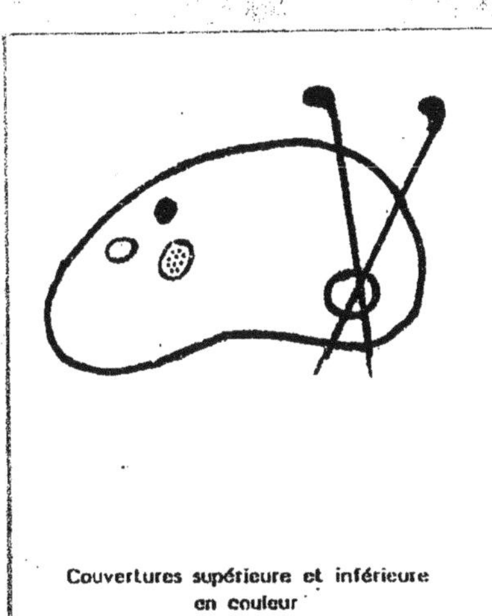

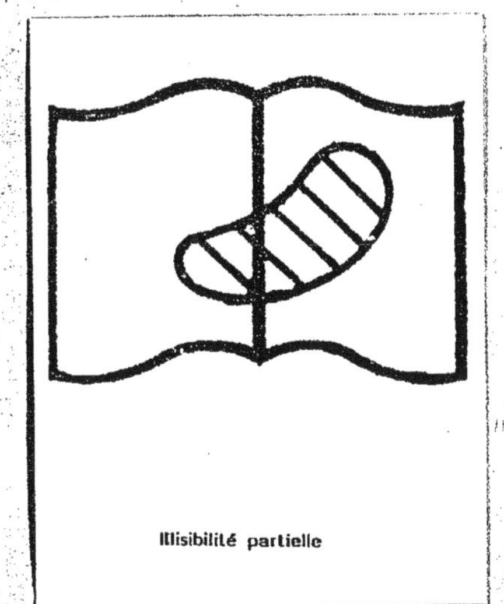

VALABLE POUR TOUT OU PARTIE DU DOCUMENT REPRODUIT

PUBLICATIONS SCIENTIFIQUES, INDUSTRIELLES ET AGRICOLES DE E. LACROIX

ÉTUDE

SUR LA

THÉORIE MÉCANIQUE DE LA CHALEUR

PAR

M. L. MARIOTTE
Ingénieur civil

52 PAGES DE TEXTE COMPACTE ET 1 TABLEAU

(Extrait des *ANNALES DU GÉNIE CIVIL* 1877)

PRIX : **3 fr.**

PARIS
LIBRAIRIE SCIENTIFIQUE, INDUSTRIELLE ET AGRICOLE
EUGÈNE LACROIX, IMPRIMEUR-ÉDITEUR
Du *Bulletin officiel de la marine* et de plusieurs sociétés savantes
54, Rue des Saints-Pères, 54

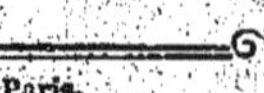

Imprimerie et Librairie de E. LACROIX, rue des Saints-Pères, 54, à Paris.

Imprimerie et Librairie de E. Lacroix, rue des Saints-Pères, 54, à Paris.

PUBLICATIONS SCIENTIFIQUES, INDUSTRIELLES ET AGRICOLES DE E.LACROIX

ÉTUDE

SUR LA

THÉORIE MÉCANIQUE DE LA CHALEUR

PAR

M. L. MARIOTTE
Ingénieur civil

52 PAGES DE TEXTE COMPACTE ET 1 TABLEAU

(Extrait des *ANNALES DU GÉNIE CIVIL* 1877)

PRIX : **3 fr.**

PARIS
LIBRAIRIE SCIENTIFIQUE, INDUSTRIELLE ET AGRICOLE
EUGÈNE LACROIX IMPRIMEUR-ÉDITEUR
Du *Bulletin officiel de la marine* et de plusieurs sociétés savantes
54, Rue des Saints-Pères, 54

TABLE DES MATIÈRES

ÉTUDE

SUR LA

THÉORIE MÉCANIQUE DE LA CHALEUR

PAR

M. MARIOTTE

---

§ 1. Les auteurs qui ont traité le sujet dont nous entreprenons l'étude, font généralement reposer leur théorie sur une expérience dite *fondamentale*, faite par M. Joule, physicien anglais.

Nous reproduisons les textes mêmes de la relation qu'en ont faite MM. Laboulaye, Hirn et Léon Pochet. Voici d'abord comment s'exprime M. Laboulaye dans les études fort remarquées qu'il a publiées dans le dictionnaire des arts et manufactures :

« C'est en partant du phénomène du dégagement de la chaleur par le frottement, qu'un savant physicien allemand, M. J. N. Mayer d'Helbron, qui s'est livré le premier à de curieuses études philosophiques sur cette question, a eu la hardiesse d'en tirer le principe de la théorie mécanique de la chaleur.

» Puisque le frottement anéantit le travail et qu'il fait apparaître du calorique, il faut bien qu'il y ait transformation de l'un en l'autre; autrement il y aurait en même temps effet sans cause et cause sans effet. Il donna le nom d'*équivalent mécanique* de la chaleur au travail mécanique correspondant à la semblable transformation d'une calorie en travail ; et dès 1842, par une détermination indirecte, non fondée sur des expériences spéciales, il avait cru pouvoir indiquer le chiffre de 365 pour la valeur de l'équivalent mécanique de la chaleur ; c'est-à-dire énoncer que le maximum théorique de travail que peut engendrer une calorie est 365 kilogrammètres.

» Nous avons montré dans l'introduction que le principe de l'équivalent du travail mécanique de la chaleur n'était qu'une conséquence directe d'un principe supérieur et incontestable, celui de la permanence des puissances naturelles, dont les manifestations seules varient suivant la loi nécessaire d'équivalence. Nous n'y reviendrons pas ici.

» M. Joule, savant physicien anglais, a cherché à contrôler par une expérience directe la nouvelle théorie, en ayant pour cela recours à la compression des gaz.

» Tandis que, dans l'ancienne théorie, on admet qu'un gaz dilaté renferme plus de chaleur que le même gaz réduit à un moindre volume, dans l'hypothèse où l'on admet l'existence de l'équivalent mécanique, les choses se passent tout autrement : la quantité de chaleur contenue dans un gaz, ne dépend plus que de sa température et de l'espèce de matière dont il est formé. Quant au calorique qui se dégage pendant la compression, il résulte du travail extérieur

» qu'il a fallu dépenser. Réciproquement le froid produit par la dilatation n'indique pas que la chaleur se soit réfugiée ou cachée dans l'intérieur du gaz; mais » qu'elle s'est échappée sous forme de travail restitué, et pour prouver qu'en » effet les changements de volume ne sont pour rien dans ces évolutions de chaleur » il *suffisait d'imaginer un moyen de provoquer de pareils changements sans* » *complication d'un travail quelconque.* Voici l'expérience par laquelle M. Joule » a réalisé ces données; elle est d'une simplicité qui ajoute encore à sa valeur » et à son importance. Elle consiste à placer dans un même calorimètre deux » récipients de même capacité à parois inextensibles, et qui communiquent ensemble par un tube à robinets; dans l'un on a fait le vide, dans l'autre on a » refoulé de l'air à 22 atmosphères. L'ouverture du robinet en permettant à un » moment donné, la libre circulation entre les deux vases, détermine l'expansion » du gaz dans un espace double. Le thermomètre ne bouge pas. La température » s'est bien abaissée dans le premier récipient en même temps qu'elle s'élevait » dans le second, ainsi que M. Joule l'a constaté directement; mais il y a eu » compensation exacte; et l'expérience étant faite dans un calorimètre, il n'y a » ni dégagement ni consommation de chaleur. C'est une confirmation précise et » directe de la nouvelle théorie.

§ 2. — M. Hirn, dans son *traité de la théorie mécanique de la chaleur*, 3e édition 1875, expose de la manière suivante la partie fondamentale de la théorie nouvelle, pages 1, 2, 3, 147, 148 :

» Tout l'ensemble des théorèmes de la thermodynamique, repose sur deux » propositions fondamentales : l'une exprime la relation qui existe entre le travail mécanique et la chaleur considérée à la fois comme force et comme quantité susceptible d'augmentation ou de diminution; l'autre exprime la relation » qui existe entre le travail mécanique, les quantités de chaleur, et la température à laquelle le travail ou la chaleur sont produits ou dépensés. Leur exactitude étant une fois démontrée, on en tire avec facilité non-seulement les » équations qui concernent le travail fourni par les moteurs thermiques de tous » genres, mais encore celles qui expriment les propriétés physiques, et même en » partie déjà, les propriétés chimiques des corps.

» Je vais donc donner à leur démonstration tous les développements qu'elle » comporte, et préciser aussi nettement que possible leur sens. Cette double démonstration sera l'objet des livres 1 et 2.

» Je commence par donner sous sa forme la plus frappante et la plus saisissable, l'énoncé de la première proposition dont la démonstration sera l'objet de » ce chapitre 1.

PREMIÈRE PROPOSITION DE LA THERMODYNAMIQUE.

§ 3. — *Toutes les fois que le calorique, en agissant sur un corps, donne lieu* » *à un travail mécanique, il disparaît une quantité de chaleur proportionnelle* » *à ce travail. Toutes les fois qu'un travail mécanique est consommé en* » *actions quelconques sur un corps ou dans un corps, il apparaît en dernière* » *analyse une quantité de chaleur proportionnelle à ce travail.*

» § 4. — *Le rapport qui existe entre le travail produit ou consommé et la* » *chaleur disparue ou apparue est non-seulement constant pour un même*

» *ordre de phénomènes, mais il est le même d'un ordre de phénomènes à un*
» *autre; il ne dépend en aucune façon de la nature des corps sur lesquels*
» *s'exerce l'action mécanique.*

» Ce rapport constant est ce qu'on appelle l'*équivalent mécanique* de la chaleur, ou l'*équivalent calorifique* du travail, selon qu'on choisit pour diviseur la quantité de la chaleur ou celle du travail.

» En d'autres termes si on désigne 0, une quantité donnée de travail consommé ou produit, et par Q la quantité de chaleur en plus ou en moins due à ce travail on a :

$$\frac{0}{Q} = \text{const.}$$

» Je désignerai désormais ce rapport ou l'équivalent mécanique de la chaleur par la lettre majuscule E. Le rapport inverse, *l'équivalent calorifique du travail* ou;

$$\frac{0}{Q} = \frac{1}{E}$$

» Sera désigné par la lettre A.

» § 5. — Quant à l'expérience fondamentale de M. Joule, elle se trouve relatée dans les termes suivants :

» Je commence par décrire l'expérience justement mémorable dans l'histoire de la thermodynamique, par laquelle M. Joule d'abord (1845) et puis ensuite M. Regnault *ont démontré* l'exactitude *de notre corollaire* (1).

» Dans une cuve spacieuse, pleine d'eau et au milieu d'un appartement dont la température ne varie que fort peu, plaçons deux réservoirs métalliques résistants, reliés par un tube muni d'un robinet, de telle façon qu'on puisse à volonté les mettre en communication ou les isoler l'un de l'autre.

» Fermons ce robinet, faisons le vide dans l'un des réservoirs et comprimons dans l'autre jusqu'à 15 ou 20 atmosphères un gaz quelconque. Avec un thermomètre très-délicat, observons la température de la cuve qu'on agitera en tous sens et lorsque le thermomètre sera devenu fixe, ouvrons le robinet de jonction. Le gaz comprimé de l'un des réservoirs va se précipiter dans le réservoir vide et en un temps très-court la pression sera la même dans les deux.

» Analysons ce qui se passe dans cette opération.

» Dans l'un des réservoirs il s'opère une détente considérable; le gaz tombe par exemple de 20 à 10 atm. (à peu près); sa température s'abaisse de + 30 à — 25° si ce réservoir a un volume égal à celui de l'autre. Dans l'autre réservoir il s'opère une compression tout aussi énergique : les premières fractions du gaz après s'être détendues de 20 atm. à une fraction d'atmosphère, d'autant plus petite que le vide était mieux fait sont ensuite revenues à 10 atm. En d'autres termes le premier réservoir fournit un travail considérable; le second au contraire en absorbe un tout aussi grand. Accessoirement et en analysant encore

---

(1) Nous ne possédons pas la partie des œuvres de Regnault à laquelle il est fait allusion.

» mieux; nous voyons qu'il se passe de part et d'autre, des phénomènes très-» différents, mais très-compliqués. Dans le premier réservoir les molécules du » gaz s'éloignent les unes des autres sans prendre de vitesse de translation très-» notable, ailleurs qu'aux approches du tube d'écoulement.

» Dans ce tube au contraire, la vitesse dans les premiers instants est extrême-» ment grande, et se réduit ensuite peu à peu à zéro. Dans le réservoir vide où » les molécules se précipitent avec impétuosité au début, il s'opère des chocs, » des tourbillons, des frottements de mille et mille formes. Très-peu de temps » après l'égalisation des pressions tout rentre à l'état normal.

» *Mais ce qui est évident, c'est qu'en dépit de toute cette diversité de phéno-» mènes, de tout ce travail fourni et consommé dans l'appareil, pour nous qui » sommes spectateurs externes, il n'apparaît aucun travail que nous puissions » recueillir et mesurer, excepté celui que représente le son produit pendant » l'écoulement et qui est tellement petit que nous pouvons le négliger.*

» Il y a donc en apparence compensation rigoureuse entre la somme totale de » travail positif, et celui de travail négatif exécutés dans l'intérieur de l'appareil. » Il semble en un mot que la condition énoncée dans notre corollaire est rem-» plie, et que la température de notre cuve doit en toute hypothèse rester par-» faitement stable quel que soit le gaz employé.

» De la belle expérience de M. Joule, tout le monde en effet *a conclu que,* » *quelles que soient les actions moléculaires que nous faisons subir à un gaz,* » *la température doit rester invariable si le travail externe est nul.*

§ 6. — Si nous exposons encore les mêmes principes fondamentaux, d'après la nouvelle mécanique industrielle de M. Léon Pochet, édition de 1874, nous aurons établi d'après les auteurs mêmes, les bases fondamentales que nous prétendons infirmer.

Voici la relation de M. Léon Pochet :

« PREMIER PRINCIPE DE LA THÉORIE MÉCANIQUE DE LA CHALEUR. »

« Lorsqu'un corps s'échauffe par son contact avec une source de chaleur, on » constate que la chaleur totale qui est absorbée par le corps pour passer d'un » état (P^o, V^o) à un état différent (p, v) n'est pas toujours la même. Elle varie » dans des limites très-étendues. En étudiant le phénomène de plus près, on » s'aperçoit que toutes les fois qu'il y a un travail mécanique *extérieur produit* » pendant l'échauffement, une certaine quantité de chaleur a *disparu.* Au con-» traire si le corps a *subi l'action d'un travail mécanique extérieur,* une cer-« taine quantité de chaleur qui n'est pas empruntée à la source voisine *appa-» raît.*

» On peut encore caractériser ce phénomène en disant que la production d'un » *travail positif,* dans le changement d'état, coïncide avec la *disparition* d'une » certaine quantité de chaleur, tandis qu'au contraire la production d'un *travail* » *négatif* coïncide avec l'*apparition* d'une certaine quantité de chaleur.

» Une expérience très-simple met ce fait en évidence.

» Deux cylindres A et B (fig. 1), sont l'un le cylindre A rempli d'air atmosphé-» rique à 10 atmosphères, l'autre le cylindre B vide.

» L'appareil est placé dans un calorimètre. Si l'on ouvre brusquement le robinet C qui établit la communication entre les deux cylindres; l'air du cylindre A remplira très-rapidement les deux cylindres. Au lieu d'un volume V à 10 atmosphères on aura finalement un volume 2 V à 5 atmosphères. Il n'y aura pas eu de travail extérieur produit. Aussi le calorimètre n'indiquera-t-il ni chaleur créée, ni chaleur perdue.

Fig. 1.

» § 7. — Au lieu de cela qu'on place dans le cylindre B (fig. 2) un piston chargé d'un poids convenable, et qu'on établisse encore la communication entre les deux cylindres en ouvrant le robinet C. Cette fois l'air soulèvera le piston, et remplira peu à peu l'espace laissé vide au-dessous. Il y aura un travail mécanique produit, consistant dans l'élévation du poids P. On constatera en même temps un abaissement de température dans le calorimètre, Il y aura eu *disparition* de chaleur.

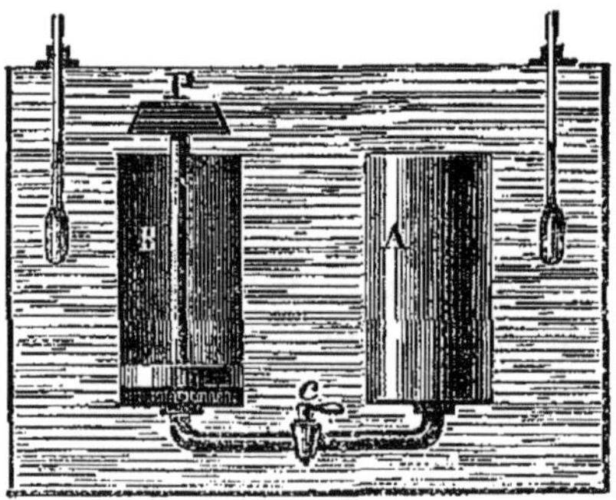

Fig. 2.

» En réalité dans la première période de l'expérience, il y a production de travail mécanique extérieur au cylindre A, puisque la tension du gaz y descend de 10 à 5 atm.; mais il y a pareille *consommation* de travail mécanique dans le cylindre B, puisque la tension du gaz y monte de 0 à 5 atm. Aussi dans l'expérience de Gay-Lussac, voit-on d'un côté abaissement, de l'autre élévation de température, mais les deux effets calorifiques inverses sont parfaitement égaux, leur résultante calorifique est nulle.

« Dans le second cas, au contraire, il y a comme résultat définitif, *production* d'un travail mécanique extérieur et par suite *disparition* de chaleur.

» Des expériences précises ont démontré que la corrélation qui existe entre la création d'un travail mécanique, et la disparition de chaleur subsiste dans tous les cas et que le travail mécanique produit ou consommé évalué en kilogrammètres est toujours proportionnel à la quantité de chaleur disparue ou créée, évaluée en calories.

» *Une calorie disparue ou créée correspond à 424 kilogrammètres, produits ou consommés quel que soit le corps intermédiaire, et quel que soit le changement d'état.*

» Ce nombre 424 serait, d'après les expériences de M. Regnault, susceptible de subir des variations selon les circonstances. Mais il serait possible aussi, que les phénomènes de chaleur fussent accompagnés de phénomènes accessoires inaperçus dans les expériences, tels que dérangements moléculaires ou déformations persistantes quand il s'agit de solides, ou, dans certains cas, production

» d'électricité au contact de corps de nature différente, circonstances desquelles » résulterait une consommation difficile à évaluer.

» La loi de l'équivalence se vérifie parfaitement sur les gaz permanents, et cette » loi doit être considérée comme une loi naturelle applicable dans toutes les cir- » constances où l'on peut écarter l'influence des causes perturbatrices, les mesu- » rer, et les évaluer en calories ou en kilogrammètres.

» Les considérations qui précèdent nous permettent maintenant de formuler » le premier principe de la théorie mécanique de la chaleur.

» PREMIER PRINCIPE : *Toutes les fois qu'un corps change d'état en produisant » un travail mécanique extérieur positif ou négatif, le phénomène est accom- » pagné d'une consommation ou d'une création de chaleur. Cette quantité de chaleur peut être considérée comme équivalente au travail mécanique, et » l'équivalence a lieu sur la base d'une calorie pour 424 kilogrammètres.*

» Nous désignerons par $\frac{1}{A}$ le nombre 424. D'après cela $\frac{1}{A}$ est l'*équivalent mé- » canique de la chaleur*, et A est l'*équivalent calorifique du travail.* »

§ 8. — Ces exposés aboutissent à des conclusions générales identiques : En premier lieu, on y considère l'expérience de M. Joule comme fondamentale de la théorie nouvelle.

Suivant M. Laboulaye : « *c'est un moyen imaginé pour provoquer des chan- » gements de volume sans complication d'un travail quelconque, et par suite, » sans apparition de chaleur.* »

Suivant M. Hirn, « *il n'apparaît* (dans le cylindre B), *aucun travail appré- » ciable que nous, spectateurs externes, puissions recueillir et mesurer.* « *D'où » si le travail externe est nul, la température doit rester invariable.* »

Suivant M. Léon Pochet, « *il n'y a pas eu de travail extérieur produit, aussi » le calorimètre n'indique-t-il ni chaleur créée ni chaleur perdue.*

Pour mieux préciser le fait, M. Léon Pochet établit une expérience fictive (fig. 36), d'après laquelle il y aurait cette fois production d'un travail mécanique dans le cylindre B, consistant dans l'élévation du poids P, et par suite disparition de chaleur.

Effectivement, le piston en s'élevant, décrit un volume d'espace vide, et par conséquent un abaissement de température qui est compensé par la chaleur empruntée au calorimètre, et aux molécules mêmes de l'air qui se détend.

§ 9. — Mais d'après la proposition générale du § 3, puisqu'il y a travail consommé à élever un corps, il devrait y avoir de la chaleur apparue sur ce corps. Or, il n'y en a pas. L'expérimentateur met donc en évidence une première exception à cette formule présentée comme générale : « *que toutes les fois qu'un tra- » vail mécanique est consommé en actions quelconques sur un corps, il appa- » raît toujours en dernière analyse une quantité de chaleur proportionnelle à » ce travail.* » Et cette exception a une certaine généralité, puisqu'elle s'étend » aux nombreuses applications du travail mécanique à la pesanteur.

§ 10. — Poursuivons cette expérience fictive : Au lieu d'utiliser l'air comprimé du cylindre A à élever un poids, supprimons ce poids. Donnons au cylindre B une capacité suffisante pour contenir un poids d'air à la pression atmosphérique, précisément égal au poids d'air comprimé, renfermé dans le cylindre A, et fermons-le hermétiquement par un couvercle. Ouvrons alors le robinet de communication : l'air du cylindre A refoulera le piston du cylindre B, comprimera l'air qui est au-dessus, et établira une égalité de pression et de volume dans le fluide qui presse chacune de ses faces. La compression sera précisément égale à la dilatation; mais cette fois, le corps sur lequel a été consommé le travail mécanique, l'air qui a été comprimé a dégagé de la chaleur. La constance de relation que l'on annonce entre le travail consommé et la chaleur apparue n'existe donc pas.

Voyons quel est le mouvement de température pendant cette dernière expérience : la dilatation et la compression de deux poids égaux d'air ayant été précisément égales, il en résulte que suivant la grande loi de physique émise par Dulong, la chaleur absorbée par la dilatation est précisément égale à celle dégagée par la compression. L'équilibre de température s'établira dans le calorimètre, le thermomètre ne bougera pas; les conditions de température de l'expérience de M. Joule se reproduiront très-exactement, et cependant le travail mécanique est de toute évidence.

D'où vient donc cette similitude dans les températures de deux expériences dont l'une développe un travail mécanique, tandis que dans l'autre on nie tout développement de travail mécanique ?

C'est que le travail mécanique subsiste dans l'expérience de M. Joule; qu'elle est mal interprétée, qu'il y a une compression d'air dans le cylindre B aussi facilement mesurable que celle de l'opération fictive que nous venons d'indiquer :

En voici la vérification :

§ 11. — Le cylindre A emmagasinant un travail mécanique est un moteur. Pour préciser la fonction de l'air dans le cylindre B lorsqu'on établit la communication, on peut diviser en deux périodes le remplissage de ce cylindre :

1° Ouvrons et fermons d'abord le robinet de jonction de manière à remplir ce cylindre d'air à la pression atmosphérique par exemple. Le travail mécanique développé par les premières veines d'air se précipitant dans le vide sera donné par la relation $\frac{1}{2}$ MV², soit pour l'air à 20 atm., $= \frac{1}{2} \times \frac{(1,30 \times V) \times 20}{9,81} \times 390^2$, V étant le volume admis;

2° Pour compléter le remplissage à 10 atm. du cylindre B, il n'y a que deux procédés; ou bien y refouler l'air en appliquant à cette compression le travail, d'un moteur ordinaire, ou bien encore puiser dans un réservoir d'air comprimé comme le cylindre A, le travail mécanique nécessaire.

Ce deuxième cas est celui de l'expérience de M. Joule ; mais la courbe qui sert à mesurer les kilogrammètres absorbés par cette résistance de compression s'établit de la même manière dans les deux cas, et il serait sans utilité d'en calculer l'aire ici.

Le travail mécanique de la puissance et de la résistance se développe donc d'une manière normale dans cette expérience. En outre les températures y suivent encore, comme dans l'opération fictive précédente, la grande loi générale de physique établie par Dulong : *que les volumes égaux des fluides élastiques pris à une même température et sous une même pression, étant comprimés ou dilatés subitement d'une même fraction de leur volume, dégagent ou absorbent la même quantité absolue de chaleur.*

En effet, le même volume initial pris à la pression atmosphérique par exemple, a été dilaté à 10 volumes dans le cylindre A et comprimé à 10 volumes dans le cylindre B. La quantité de chaleur absorbée par le premier a donc été égale a celle dégagée par le second, ce qui rend nécessaire la constance de température observée dans le calorimètre.

§ 12. — Les physiciens connaissaient les particularités de l'expérience de M. Joule bien avant qu'il fut question de cette théorie nouvelle. Péclet notamment en avait donné, avec sa lucidité ordinaire, une interprétation très-correcte dans son traité de physique (§ 761, édition 1838); la voici :

« La rentrée de l'air dans un récipient vide présente un phénomène singulier, « soit A et B, fig. 3, deux ballons de verre communiquant par un tube garni « d'un robinet; si on fait le vide dans l'un d'eux à l'instant où l'on ouvre le

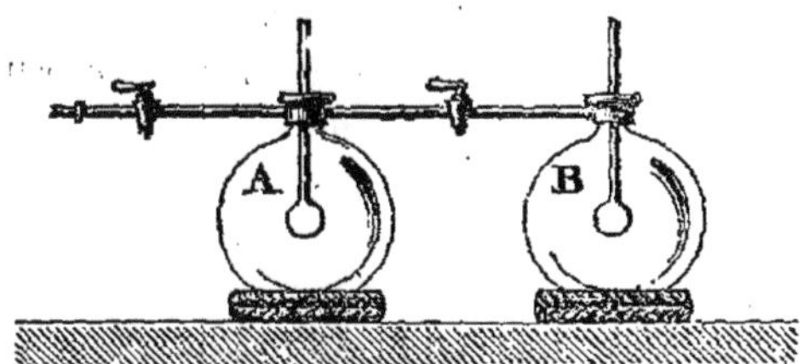

Fig. 3.

« robinet de communication, le thermomètre à air, placé dans le ballon qui cède « l'air indique un abaissement de température, tandis que l'autre thermomètre « indique une élévation de température. Il semble que le second de ces phéno- « mènes est en opposition avec ce que nous avons dit précédemment : car l'air « en arrivant dans l'espace vide s'y dilate, et doit par conséquent absorber de la « chaleur. Mais il faut distinguer ici deux effets qui se succèdent rapidement : « *les premières portions d'air qui entrent se dilatent et produisent du froid;* « *mais celles qui viennent après compriment les premières et produisent un* « *dégagement de chaleur*. Cette explication a été confirmée par des expériences « directes de M. Larive.

« Un thermomètre très-sensible fut suspendu au centre d'une cloche reposant « sur le plateau d'une machine pneumatique : un tuyau de métal de $^1/_3$ de ligne « de diamètre intérieur, était disposé de manière que l'une de ses extrémités « pouvait communiquer hors de la cloche, et l'autre aboutissait dans la cloche « vis à vis la boule du thermomètre, à une distance de 2 à 4 lignes; on faisait le « vide et en tournant le robinet du tube, l'air rentrait en formant un jet sur le « thermomètre. Cet instrument a d'abord baissé, et le refroidissement s'est « arrêté lorsque le baromètre a indiqué une pression de 4 pouces de mercure; « alors le thermomètre est resté stationnaire à 2°, 4 au-dessous de la température « initiale jusqu'à ce que l'air introduit ait indiqué une pression de 6 pouces; à « partir de cet instant il a monté rapidement de 5 degrés.

Cette expérience mettant en évidence le travail de compression qui se développe dans le ballon, dans lequel on a fait le vide ainsi que la chaleur qui résulte de cette compression, est une réfutation directe de l'hypothèse qui a servi de fondement à la théorie nouvelle, laquelle affirme que dans l'expérience de M. Joule, les dilatations de l'air comprimé du cylindre moteur A, ne produisent dans le cylindre B, *aucun travail mécanique et aucune chaleur quelconque susceptible d'être appréciés ou mesurés.*

Or, nous venons de voir que les kilogrammètres développés dans le cylindre B, se mesurent aussi facilement que dans les applications journalières des gaz comprimés comme force motrice, ou que dans l'expérience fictive que nous avons indiquée.

La vérification expérimentale qu'a faite M. Larive, du travail de compression et de la chaleur qui se développent dans le cylindre B est aussi très-précise; et l'interprétation qu'en donne M. Péclet est d'une lucidité parfaite.

La stabilité de température observée dans le calorimètre, dans cette expérience dite fondamentale, n'est pas moins conforme aux lois générales de physique que le développement de la puissance. Nous avons fait voir, dans l'expérience fictive du § 10, qu'un égal travail de dilatation et de compression qui s'effectue dans une même cuve, ne peut en changer la température, car si elle variait, l'absorption et le dégagement de chaleur seraient inégaux ce qui infirmerait la loi de Dulong.

Répétons-le donc en conclusion; cette expérience a été mal interprétée; elle ne donne aucune confirmation de la théorie proposée; elle ne justifie pas la conception purement imaginaire du docteur allemand.

Les causes de l'erreur à laquelle elle a donné lieu sont faciles à apprécier. Si au lieu d'opérer dans un calorimètre unique, on eût placé le cylindre moteur dans un calorimètre spécial, et le cylindre dans lequel s'opère la compression dans un autre; l'abaissement de température dû à la dilatation dans le premier, et une égale élévation de température due à une compression égale dans le second, se fussent manifestées dans chaque cuve ou calorimètre en conformité de la loi générale de Dulong; et cette vérification d'une grande loi de physique eût empêché d'attribuer à cette expérience un sens mystérieux qu'elle n'a pas.

§ 13. — *Détermination de l'équivalent mécanique par le calcul.* — Le principe de l'équivalent ainsi posé d'après une hypothèse, on s'est occupé de sa détermination; les premiers calculs nous sont aussi venus des physiciens allemands. Le type en a été fourni par M. Clausius. En voici le texte, tel qu'il est donné par M. Laboulaye dans son étude sur *l'équivalent Mécanique de la chaleur*.

« Je rapporterai brièvement ce calcul proposé successivement par MM. Clau-
« sius, Person, Bourget, Combes, etc., qui, fondé sur le rapport des chaleurs
« spécifiques des gaz à pression constante et à volume constant auquel Dulong
« était arrivé à l'aide d'une hypothèse, n'aurait jamais dû être considéré comme
« ayant grande valeur, avant que la déduction et l'expérience eussent permis
« d'établir d'une manière certaine que ce rapport était inadmissible.

« $C = 0,2377$ étant la chaleur spécifique de l'air à pression constante; c' celle à volume constant, si $\frac{c}{c'} = 1,421$ était exact, on aurait $c' = 0,1678$, ce qui don-
« nerait pour l'échauffement de 1 mètre cube, $1^k,293$ d'air dans les deux cas, les
« quantités de chaleur 0,2163 calorie et 0,3073 calorie dont la différence est
« 0,091 calorie. L'expérience ayant fait connaître que la chaleur spécifique de
« l'air est indépendante de sa température et de sa densité, on en conclut que
« l'air échauffé de 1° centigrade dans les deux circonstances indiquées, *retient la*
« *même quantité de chaleur*. L'excès de chaleur dans le cas ou l'on chauffe
« l'air à pression constante est, par conséquent, l'équivalent du travail mécanique
« dû à la dilatation de l'air, travail qui a été nul dans l'autre cas, où l'*air con-*
« *servait son volume primitif*. Or, l'air se dilate de 0,00365 de son volume à

« 0 degré pour une élévation de 1 degré centigrade de sa température. « Le travail mécanique dû à sa dilatation est donc $10330 \times 0{,}00365 = 37{,}7045$ « kilogrammètres pour 1 mètre cube. Le rapport de ce travail à la quan- « tité de chaleur qui la produit, et ne se retrouve plus dans l'air après « sa dilatation ou l'équivalent mécanique serait donc $\frac{37{,}7045}{0{,}091027} = 415$ kilo- « grammètres si ce calcul curieux ne reposait sur une hypothèse tout à fait « erronée (1).

Quoi qu'il en soit de cette observation de M. Laboulaye sur l'exactitude du rapport entre les capacités calorifiques de l'air à pression et à volume constant, il existe dans ce calcul une autre erreur fondamentale.

Elle se trouve dans cette hypothèse que le travail mécanique, dû à la dilatation est $10330 \times 0{,}00365 = 37{,}7045$ kilogrammètres par laquelle on admet que l'air exerce une pression de 10330 kilog. pendant le chemin parcouru par la dilatation 3 mil. 65.

Vérifions cette hypothèse :

Soit 1 mètre cube d'air à la température zéro degré et à la pression atmosphérique. Enfermons ce volume dans un cylindre théorique à parois inextensibles et imperméables au calorique, et limitons-le par le haut par un piston impondérable et hermétique de 1 mètre quarré de surface. Les pressions intérieures et extérieures étant en équilibre, le piston impondérable demeurera suspendu à 1 mètre du fond.

Chauffons légèrement ce mètre cube d'air; conformément aux lois naturelles il se produira une dilatation. Mais, ce qui est à noter, c'est que pour le plus léger excès de pression entre l'air intérieur et extérieur, pour une résultante fort voisine de zéro, le piston se mettra en mouvement. Mais sous quelle pression motrice cheminera-t-il ? Sous cette pression résultante très-voisine de zéro. Pour qu'elle fût 10330 kil. il faudrait que la pression intérieure fût portée à 2 atm. ce qui n'est pas le cas des dilatations à pression constante, qui sont, ainsi que l'énoncé l'indique, invariables à 1 atm.

Si on continue le chauffage, le piston progressera; et si on l'arrête lorsque la température sera élevée de un degré, le piston s'arrêtera après avoir parcouru un chemin de 3^{mil}.,665, avec une pression résultante constamment voisine de zéro. Les pressions étant nulles le travail mécanique est nul aussi, ce qui contredit l'hyphothèse que ce travail est $10330 \times 0{,}003665 = 37{,}70$ kilogrammètres, dans laquelle on fixe la pression motrice à 10330 kilog.

Mais quelle est donc, dans ce cas, la fonction mécanique de la chaleur ? Les dilatations produites par le calorique incorporé augmentent l'écartement des molécules. Or, les forces répulsives diminuent lorsque ces distances augmentent; le calorique incorporé représente donc précisément la quantité de force répulsive nécessaire pour maintenir l'équilibre avec les pressions extérieures.

---

(1) Il convient cependant de remarquer que les expériences de précision faites par Clément et Désormes pour établir ce rapport, fixé par eux à 1,35; et par Gay-Lussac et Welter qui, en les répétant pour les vérifier, ont trouvé 1,372, ne s'éloignent pas sensiblement des résultats du calcul de Dulong donnant 1,42.

Dans son traité déjà cité, M. G. A. Hirn établit un calcul dont les formules algébriques diffèrent du précédent calcul. Mais la pression motrice qu'il introduit dans ces calculs étant 10333 kilog., ils se trouvent entachés aussi de l'erreur fondamentale qui vient d'être établie, M. Hirn aboutit au chiffre E = 423.

§ 14. — M. C. Laboulaye à l'article « *calorie* » déjà cité, établit pareillement sur l'air atmosphérique, un type de calcul qui contient cette erreur fondamentale. Mais il est dégagé de cette hypothèse des physiciens allemands que le *travail mécanique est généré par la chaleur disparue, M. Laboulaye divise donc les kilogrammètres développés par la quantité totale de chaleur utilisée au chauffage du poids d'air sous pression constante et non pas* par la simple *différence* entre les quantités de chaleur nécessaires pour chauffer ce même poids d'air à *pression constante* et à *volume constant*; c'est-à-dire par ce facteur appelé chaleur disparue, dans la théorie nouvelle : en voici du reste la reproduction.

« Soit 1 kilog. d'air à zéro degré, occupant 0,77 de mètre cube, à la pression « 0,76 ou 10330 kilogr. par mètre carré; si on l'échauffe de *un degré il se dila-* « tera à pression constante, de 0,00367 de son volume, et le travail produit par « cette dilatation, sera ;

$$0{,}00367 \times 0{,}77 \times 10330 = 29{,}19 \text{ kilog. mètres.}$$

« Si on laisse ensuite détendre le gaz (en supposant que la pression extérieure « diminue), jusqu'à ce qu'il soit revenu à sa température primitive (on sait qu'il « faut que l'air se dilate de $^1/_{116}$ pour que sa température baisse de 1°), tout le « travail dû à la chaleur aura été utilisé, puisque le gaz sera revenu à sa tempé- « rature primitive, et que la chaleur n'aura produit que des changements de « volume continus, par l'effet de changements continus de température.

« Le travail produit par cette utilisation de la chaleur sera peu considérable; » car ne pouvant naître qu'autant qu'on diminue la pression, puisque d'après la « loi de Mariotte la pression varie en raison inverse des volumes, le volume « étant $1 + \frac{1}{116} = \frac{117}{116}$ la pression deviendra $\frac{116}{117} = 1 - \frac{1}{117}$. La force « élastique correspondante à l'utilisation de la chaleur ne sera que $\frac{1}{117}$ de la « pression atmosphérique et le volume $\frac{1}{116} \times 0{,}77$.

« Le travail pour cette détente sera donc :

$$\frac{1}{116} \times 0{,}77 \times 10330 + \frac{1}{117} = 0{,}58.$$

« Le travail total produit est donc 29,19 + 0,58 = 29,77 kilog. mèt.

« Ce travail est celui correspondant à la quantité de chaleur nécessaire pour « échauffer 1 kilog. d'air d'un degré, quantité égale à 0,267 de calorie, d'après « les expériences connues (qui sont malheureusement fort imparfaites); le tra- « vail pour une calorie sera donc obtenu par la proportion :

$$0{,}267 : 1 :: 29{,}77 : x; \text{ d'où } x = 111 \text{ kilog.}$$

« qui doit être la valeur théorique du travail d'une calorie ».

§ 15. — Nous allons maintenant discuter ces deux méthodes si différentes de calcul.

La chaleur spécifique de l'air sous pression constante se compose d'une certaine quantité de chaleur *sensible* nécessaire à élever la température sous volume constant ou à échauffer les molécules; et d'une partie de chaleur *latente* qui est absorbée sans élévation de température par l'accroissement du volume.

Ainsi la chaleur spécifique nécessaire pour élever d'un degré, un mètre cube d'air sous la pression constante de 0,76 de mercure sera :

1° Chaleur sensible sous volume constant $= \frac{1,300 \times 0,2377}{1,4} = 0,2206$ cal.

2° Chaleur latente nécessaire à l'accroissement du volume — 3,67 litres $= 0,2206$ cal. $\times 0,40 =$. 0,0882

Total. 0,3088

Si l'on détermine d'une manière quelconque le travail mécanique, x, que peu développer cette chaleur; on obtient le travail maximum d'une calorie en posant. d'après M. Clausius $\frac{x}{0,0882}$ et d'après M. Laboulaye $\frac{x}{0,3088}$. Où est l'exactitude ? Voyons d'abord comment la chaleur appliquée au chauffage de l'air produit le travail mécanique dans les moteurs à air chaud.

Pour mettre l'air sous pression, on le chauffe sous volume constant; puis on dirige cet air comprimé sur un piston résistant qui rétrograde sous son effort; s'il était possible en pratique d'utiliser les pressions motrices jusqu'à les réduire à la pression initiale, le travail total que la chaleur incorporée peut développer aurait été utilisé. Admettons cette possibilité et précisons.

Prenons de l'air atmosphérique à 15 degrés, pour porter 1 mètre cube de cet air à 2 atm. par la chaleur il faudra, nous l'établirons ci-après (§ 27), élever sa température de 288°, ce qui absorbera 60,27 calories. Si on dirige ensuite ce mètre cube sur un piston résistant, lorsque celui-ci aura décrit un volume de 1 mètre, sa pression sera revenue à 1 atmosphère; elle sera de nouveau en équilibre avec le milieu environnant. Les pressions motrices auront disparu et les kilogrammètres qu'elles représentent auront été développés. Mais le calorique qui est une puissance persistante subsiste toujours; il y a utilisation, mais non consommation de cet agent; voici cette utilisation dans l'exemple en cours.

Nous établirons plus loin § 27 qu'après cette détente de 1 volume, la température initiale sera abaissée de 116°; la température restante sera donc 288° — 116° $= 172°$, soit en chaleur sensible $0,847 \times 1,300 \times \frac{0,2377}{1,4} \times 172 =$. 36,80 cal.

Comme le chauffage du mètre cube avait absorbé. 60,27

Une quantité de, 23,47 cal.

a élevé la température du volume décrit par le piston, lequel produisant le vide, produit en même temps un abaissement de température.

Ces 23,47 calories subsistent au même titre dans le volume dilaté, que la chaleur latente dans un cube donné de vapeur; si on le comprimait, elles reparaîtraient intégralement. Mais, tandis que cette quantité a graduellement réchauffé les volumes décrits, le deuxième facteur 36,8 calories, restées sensibles à la fin de la détente, a fourni l'addition de force répulsive nécessaire pour produire l'excès des pressions intérieures sur l'atmosphère, ou la résultante motrice, le travail.

Que conclure ? que le travail mécanique se développe par deux fonctions simultanées mais distinctes de la chaleur, dont la quantité se répartit de la manière suivante dans notre exemple :

1° Calorique latent affecté à élever la température de l'espace généré par le piston =	23^c,47 cal.
2° Calorique sensible produisant les pressions et fournissant directement le travail mécanique.	36 ,80
	60 ,27 cal.

Or, nous verrons plus loin § 27, que le travail mécanique développé par la détente de ce mètre cube est environ 4550 kilogrammètres. La chaleur qui les a développés, suivant la double fonction que nous venons de décrire, étant 60^c,27 calories, on conçoit que lorsque M. Laboulaye pose $\frac{4550}{60^c,27 \text{ cal.}}$ pour obtenir le travail maximum d'une calorie, son opération satisfait à toutes les conditions d'exactitude.

Mais lorsque pour déterminer cette même valeur, M. Clausius pose $\frac{4550}{23^c,47 \text{ cal.}}$ l'opération est d'autant plus mystérieuse, que ce diviseur représente précisément ce facteur de la chaleur qui n'a pas été utilisé à créer les pressions, mais simplement à élever la température d'un volume d'espace vide décrit.

Concluons donc que la méthode de calcul de M. Laboulaye est correcte ; mais que celle de M. Clausius qui consiste à considérer les chaleurs disparues comme génératrices du travail, et à y conformer le calcul, n'est pas *conforme* à la réalité des faits.

EXPÉRIENCES SUR LES SOLIDES ET LES LIQUIDES.

§ 17. — Les auteurs de la théorie nouvelle ont entrepris la vérification des calculs précédents par voie d'expériences. Ils ont renversé l'opération ; c'est-à-dire qu'ils ont appliqué le travail mécanique sur le corps, pour recueillir et mesurer la chaleur apparue.

L'équivalent E ou travail maximum d'une calorie est alors exprimé par la relation $\frac{T}{C} = E$; T étant le travail mécanique appliqué sur le corps, et C la chaleur qu'il y fait apparaître.

Dans les calculs précédents si C' était la chaleur disparue pour la production d'un certain travail T', l'équivalent était encore $\frac{T'}{C'} = E$. L'hypothèse à vérifier étant que si T est égal à T', C, est aussi égal à C', et que par suite E est une quantité constante ; l'objet des expériences était d'établir que pour un même nombre de kilogrammètres appliqués sur un corps par une *action quelconque*, il apparaissait toujours sur ce corps une même et constante quantité de chaleur.

Ce résultat étant acquis il était alors possible de formuler l'énoncé général suivant, qui a été en effet présenté comme étant la proposition première de cette théorie : *Toutes les fois qu'un travail mécanique est consommé en actions quelconques sur un corps, il apparaît en dernière analyse une quantité de chaleur proportionnelle à ce travail. Le rapport qui existe entre le travail consommé et la chaleur apparue, est non-seulement constant pour un même ordre de phénomènes; mais il est le même d'un ordre de phénomènes à un autre; il ne dépend en aucune façon des corps sur lesquels s'exerce l'action mécanique.*

Voici maintenant la valeur de E obtenue dans les principales expériences qui ont été faites :

Battement de l'eau avec les ailettes d'un moulin	= 434	kgmt.
Frottement de l'eau contre les parois d'un vase	= 432	—
Frottement des tourillons lubrifiés	= 365	—
Écoulement de l'eau sous de fortes pressions	= 433	—
Forage du fer	= 426	—
Écrasement du plomb (Hirn)	= 424	—
Écrasement du plomb (Laboulaye)	189 à 247	—
Déductions physiques et chimiques (Laboulaye)	140	kgmt.
Expériences sur les machines à vapeur de grande puissance (société industrielle de Mulhouse)	155	—

Les résultats sont fort discordants et la suite de cette étude va montrer que la méthode ne peut en effet fournir aucun résultat uniforme.

On possède sur les vapeurs et l'air des expériences classiques qui donnent avec précision la quantité de chaleur apparue, correspondant à un nombre déterminé de kilogrammètres appliqués à leur compression. Ces expériences ont deux mérites : étant classiques elles ne sont contestées par personne; étant faites sur les vapeurs et l'air c'est-à-dire sur les corps mêmes utilisés pour réaliser la force répulsive de la chaleur, elles sont absolument directes.

§ 18. — *Vapeurs saturées. — Expériences de Dalton.* — Dalton a le premier observé et après lui tous les physiciens qui se sont occupés d'expériences, que les vapeurs saturées qui reposent sur un grand excès de leur liquide de même température, ne peuvent augmenter ni de densité ni de force élastique par la compression; que l'unique résultat de cette compression est de condenser un volume de vapeur précisément égal au volume comprimé. Si c'est un piston qui opère cette compression, la résistance qu'il supporte reste invariable pendant toute la durée de sa course.

Les kilogrammètres nécessaires à opérer une telle compression et la condensation qui en résulte sont donc obtenus avec une précision rigoureuse, en multipliant cette résistance invariable par le chemin parcouru.

Mais la chaleur apparue est la *chaleur latente* du volume condensé, car la chaleur sensible reste la même, soit avant, soit après la condensation. Or les expériences de Regnault donnent avec une précision non moins grande que pour les kilogrammètres, la quantité de chaleur latente apparue.

Il est facile maintenant de réaliser l'expérience de Dalton sans construire l'appareil.

Sur un réservoir parfaitement rempli d'eau à 100°, imperméable au calorique et ne communiquant avec aucune source de chaleur, concevons un cylindre vertical dont le piston ait 1 mètre de course. Il se remplira de vapeur à 1 atmosphère. Si on refoule ce piston de toute sa course de 1 mètre, jusqu'au contact de l'eau, la cylindrée de vapeur qu'il renfermait sera condensée. Et si la surface du piston a été calculée de manière que la résistance de cette vapeur exerce sur lui une pression de 459^k,8 kilos, la puissance motrice aura développé 459^{km},8 kilogrammètres pour opérer la condensation de cette cylindrée. Ce chiffre sera adopté pour chacune des expériences suivantes, parceque c'est précisément celui d'une expérience faite sur l'écrasement du plomb, par M. Laboulaye, qui sera également relatée.

La surface de piston qui sous la résistance invariable de 1^k,033 par centimètre quarré, correspond à une pression de 459^k,8 kilos sur la surface totale est 0^{m2},0445 de *sorte que le cube de la cylindrée à condenser par compression* est 0^{m3},044500. soit à raison de 1696 litres par kilog. de vapeur à 1 atm. un poids de 0^k,026 gr. Regnault indiquant 536 et $^1/_2$ calorie de chaleur latente par kilog de vapeur, les 0^k,026 gr. feront apparaître 13,95 calories dans la cuve.

Laissant le même appareil en place, mais remplissant le réservoir d'éther sulfurique à son point d'ébullition, soit 38°, le cylindre à vapeur se remplira de vapeur d'éther à 1 atm. Le piston sera toujours pressé par 459, 8 kilos, si on le refoule jusqu'au contact de l'éther, la cylindrée de sa vapeur sera condensée par un travail mécanique de 459,8 kilogrammètres. Les vapeurs d'éther étant 4,37 fois plus lourdes que celles de l'eau, la cylindrée pèsera 0^k,1136. ce qui à raison de 96 cal. de chaleur latente par kilog. fait apparaître 10,9 cal. dans la cuve.

Si on reproduit cette même expérience sur de la vapeur d'eau à 5 atm., la course du piston restant la même, 1 mètre, on devra réduire sa surface à 0^{m2}.0089, pour obtenir une pression résistante de 459,8 kilog. et un travail mécanique de 459,8 kilogrammètres pour la condensation de la cylindrée.

389 litres de cette vapeur pesant 1 kilog. les 0^{m3},008900 pèseront 0^k,023 gr., lesquels à raison de 501 calories de chaleur latente par kilog, feront apparaître 11^c,52 calories dans la cuve.

§ 19. — *Air atmosphérique.* — Le chauffage et la compression de l'air atmosphérique ont été aussi l'objet d'expériences classiques. Les dernières expériences de Regnault, fixent à 0^c,2377 la *quantité de chaleur nécessaire, pour élever d'un* degré, la température de 1 kilog d'air sous pression constante; et sous volume constant les expériences de Clément et Desormes légèrement rectifiées indiquent qu'il faut $\frac{0.2377}{1,4}$. *Quant à la compression on sait qu'en comprimant ce fluide* de $\frac{1}{116}$ de son volume, sa température s'élève de 1 degré.

Si l'on comprime de 1 mètre une colonne cylindrique d'air de 116 mètres de hauteur, à la pression normale atmosphérique, sa température s'élèvera de 1 degré. Quant au piston sa surface devra être de 0^{m2},04337, pour qu'il éprouve pendant la compression une résistance moyenne de 459^k,8 kilog., correspondant pour la course de 1 mètre à un travail de 459,8 kilogrammètres.

Cette colonne d'air (116 × 0^{m2},04337), pesant 6^k,54, et sa température s'étant élevée de 1 degré, la chaleur apparue sera :

$$6,54 \times \frac{0^c.2377}{1,4} = 1^c.12 \text{ cal.}$$

§ 20. — Voici maintenant une expérience faite sur l'écrasement du plomb, par M. Laboulaye, avec toute la précision qu'on peut y apporter :

Ce physicien a écrasé un bloc en plomb pesant 5^k,935 à l'aide d'un mouton du poids de 440 kilogs, tombant d'une hauteur de 1^m,045, ce qui correspond à 459,8 kilogrammètres. La chaleur apparue a été recueillie avec tous les soins nécessaires pour en faire une expérience de précision ; elle a élevé de $\frac{4}{5}$ de degré la température de 2 kilogs d'eau ; soit 1^c,86 cal.

§ 21. — Récapitulant les résultats de ces expériences, on trouve :

Travail de compression pour chaque expérience T = 459,8 kilogr.

Chaleur apparue sur le corps C, et *équivalent* $\frac{T}{C}$ =.

	C	$\frac{T}{C}$
Par la compression des vapeurs d'eau à 1 atm.	13,95 cal.	33 kilogr.
— — — 5 atm.	11,52 cal.	40 —
— — d'éther 1 atm.	10,90 cal.	42 —
Par la compression de l'air atmosphérique	1,12 cal.	410 —
Par l'écrasement du plomb =	1,86 cal.	247 —

§ 22. — La divergence de ces résultats fait ressortir l'erreur de méthode que nous avons indiquée, et l'impossibilité d'obtenir une indication quelconque d'une méthode qui n'est pas rationnelle.

L'expérience classique de Clément et Desormes qui a eu pour objet la détermination du rapport des capacités calorifiques, au moyen de la chaleur dégagée par une faible compression, met en évidence l'une des causes pour lesquelles la chaleur apparue ne saurait être constante pour un même travail comprimant, mais varie au contraire avec la nature des corps soumis à la compression.

En voici une relation succinte : soit un ballon ou récipient quelconque contenant de l'air à la pression 0^m,7527 de mercure. Si l'on établit la communication entre ce récipient et l'air atmosphérique sous pression normale, l'air du ballon est comprimé à 0,7665, par l'introduction d'un certain volume d'air. La température s'est élevée, et l'accroissement de pression a été :

$$0,7665 - 0,7527 = 0,0138$$

Si on laisse ensuite refroidir l'air du ballon à sa température primitive, celle du milieu environnant, la pression s'abaisse à 0,7629. La chaleur apparue par le travail de compression avait donc développé une pression de :

$$0,7665 - 0,7629 = 0,0036$$

tandis que le fait géométrique du rapprochement des distances moléculaires, résultant de l'introduction d'une nouvelle partie d'air dans le ballon, avait augmenté leur force répulsive, et par suite la consommation des kilogrammètres, sans aucune apparition de chaleur de :

$$0,7629 - 0.7527 = 0,0102$$

et cette dernière source de consommation de kilogrammètres, sans apparition de chaleur, n'a pas existé dans les expériences sur les vapeurs où les distances moléculaires sont demeurées invariables pendant toute la compression et leur condensation.

§ 23. — Les expériences précédentes se rapportent toutes à un même ordre de phénomènes, la compression; mais la théorie nouvelle pose une généralité absolue : « quel que soit le corps, quelle que soit la cause de la consommation « du travail, la chaleur apparue sur le corps qui le consomme reste constante. »

Cependant que l'on se reporte à l'expérience fictive proposée par M. Léon Pochet, § 7, que l'on porte à 459,8 kilogs le poids qu'il applique sur la tige du piston, et à 1 mètre la course de ce piston, ce poids consommera par son ascension, les 459,8 kilogrammètres des expériences précédentes; mais ainsi que le constate M. Léon Pochet il n'y a pas de chaleur apparue, mais bien un abaissement de température produit par le mouvement du piston.

Que l'on place encore à l'intérieur d'un véhicule de chemin de fer, ou qu'on fixe à la jante d'un volant, un poids bien abrité dont la mise en mouvement absorbe par l'inertie un travail mécanique $\frac{1}{2}MV^2 = 459{,}8$ kilogrammètres, notre unité type; la température du corps qui a absorbé les kilogrammètres ne variera pas d'avantage. La raison en est simple :

Tous les physiciens sont d'accords sur le fait qu'en dehors de la chaleur solaire, stellaire et terrestre, et des sources résultant des opérations chimiques, il n'existe, dans l'ordre physique que trois sources de chaleur : 1° la pression; 2° la percussion; 3° le frottement. Mais le travail mécanique a de nombreuses applications, qui ne concernent aucunement ces trois sources de chaleur; et les exemples qui viennent d'être *cités de la consommation de kilogrammètres, par les forces de* gravité et d'inertie, sont des cas où le travail mécanique est consommé sur les corps sans effectuer *aucune de ces trois opérations*, et par suite sans faire apparaître de chaleur.

§ 24. — En résumé, donc :

1° L'expérience de M. Joules est dite fondamentale parce que l'on admet que l'air comprimé s'y détend sans produire de travail mécanique. Or les kilogrammètres se développant et se mesurant comme dans la détente ordinaire des gaz comprimés l'interprétation est erronée, § 11 et 12. Il en résulte qu'elle n'apporte aucune justification, ni à la théorie nouvelle, ni à la conception nuageuse du docteur Allemand :

2° Les calculs présentés par les physiciens allemands pour déterminer la valeur de ce qu'ils ont nommé l'équivalent mécanique de la chaleur reposent sur une hypothèse également erronée, § 14.

3° Le travail mécanique est généré par la totalité de la chaleur incorporée dans les corps qui le produisent, et non point par la chaleur qui en disparaît § 16. Les chaleurs apparues ou disparues n'étant que l'un des facteurs du travail mécanique, et non point la cause génératrice totale, ne sauraient en être ni l'équivalent ni la mesure.

4° Quant aux expériences directes faites pour opérer la détermination de l'équivalent mécanique par les chaleurs apparues, la méthode d'évaluation est entachée de la même erreur fondamentale que les calculs, § 14. En appliquant cette méthode à des expériences classiques sur les vapeurs et l'air atmosphérique, son inexactitude ressort en chiffres sensibles, § 18 et 19;

5° La notion de l'équivalent entre le travail mécanique et la chaleur d'une part, ou bien la chaleur et le travail mécanique de l'autre, telle que la théorie nouvelle la représente est fausse; non-seulement une même quantité de travail mécanique fait apparaître des quantités de chaleur qui varient suivant la nature des corps, § 18 et 19, mais encore le travail mécanique peut se consommer sur le corps sans aucune apparition de chaleur, § 23. Ce qui reste à déterminer c'est le maximum de travail mécanique qu'une calorie peut produire ainsi que les conditions dans lesquelles il peut être réalisé; et cette détermination va être étudiée sur l'air atmosphérique et les vapeurs.

Travail maximum d'une calorie évalué sur l'air chauffé.

§ 25. — Les conditions de la production du travail mécanique par les pressions de l'air chauffé ont été étudiées au § 16. Cependant il convient de rappeler ici que le chauffage de l'air sous pression constante, ne laisse disponible aucune pression et par suite aucune quantité de travail mécanique; et que ce travail ainsi que les pressions qui le développent sont uniquement le résultat du chauffage sous volume constant. Enfin, que lorsque ces pressions sont ramenées au point de départ, à leur tension d'équilibre avant le chauffage, par le fait d'une dilatation suffisante, la force et les pressions motrices sont complétement épuisées.

La totalité du travail mécanique est donc développée par un mouvement d'expansion, par la détente, sans qu'il se trouve dans ce mouvement ce que l'on nomme une *action directe*. En divisant les kilogrammètres développés par cette détente, par le total des calories utilisées au chauffage de l'air, pour développer les pressions, le quotient représentera le travail d'une calorie.

§ 26. — *Chauffage de l'air sous volume constant.* — Soit 1 mètre cube d'air à zéro degré et à la pression de $0^m,76$ de mercure, enfermé sous un piston impondérable, hermétique, de 1 mètre carré de surface, distant de 1 mètre du fond du cylindre. Si on fixe le piston à ce point, et qu'on chauffe de 1 degré l'air qu'il recouvre, la pression s'élèvera de $\frac{1}{272}$ d'atmosphère, et le pressera avec une intensité de $\frac{10333}{272} = 37^k,98$. Si on place au centre de ce piston rendu libre de se mouvoir un poids de $37^k,98$ kilos, les pressions intérieures seront équilibrées, et l'immobilité persistera. Si l'on diminue ensuite graduellement ce poids jusqu'à zéro, le piston cheminera, et les pressions intérieures décroîtront avec l'amplitude du mouvement. Lorsque son parcours sera $0^m,00367$, les pressions intérieures seront les mêmes qu'avant le chauffage; elles seront encore en équilibre avec l'atmosphère extérieure et le poids sera réduit à zéro. Le volume primitif sera dilaté de $0^{m3},00367$, soit 3,67 litres; les pressions motrices seront épuisées; et elles auront développé par l'ascension de ce poids variable la totalité de leurs kilogrammètres.

§ 27. — *Evaluation du travail mécanique renfermé dans 1 mètre cube d'air porté à 2 atm. par chauffage sous volume constant.* — D'après Dulong. « Lorsqu'un gaz sous un volume constant est chauffé d'un certain nombre de degrés, « sa force élastique augmente dans le même rapport que son volume sous pression constante. »

Le chauffage sous pression constante dilate l'air de 0,00367 du volume à zéro. Pour porter la pression à 2 atmosphères, il faudra donc élever la température du même nombre de degrés que pour doubler le volume primitif.

Si la température de l'air enfermé sous le piston est de 15°, le volume de ce mètre cube à zéro° sera : . . . .

$$\frac{1}{1+(0{,}00367 \times 15)} = 0{,}947.$$

sa dilatation pour chauffage de 1°, sera :

$$0{,}00367 \times 0{,}947 = 0{,}00347$$

de sorte que pour doubler ce mètre cube, ou bien porter sa pression à 2 atm. sous volume constant il faudra chauffer de $\frac{1}{0{,}00347} = 288°$; la température finale sera donc $T = 288 + 15 = 303°$.

La quantité de calories nécessaires pour chauffer à volume constant, et de 288°, ce mètre cube d'air sera :

$$0{,}947 \times 1{,}300 \times \frac{0{,}2377}{1{,}4} \times 288° = 60^c{,}27$$

La pression étant ainsi portée à 2 atm. si on place au centre du piston un poids de 10333 kilog., ce poids fera équilibre aux pressions produites par le calorique incorporé. Si on diminue ensuite ce poids par une gradation insensible jusqu'à zéro, le piston étant alors libre de se mouvoir, il parcourra un certain chemin, sous l'effort d'une certaine résultante, et s'arrêtera lorsque le poids sera réduit à zéro. A ce point les pressions intérieures et extérieures seront en équilibre, et le travail total des pressions aura été développé. L'excès de température restant dans le volume dilaté représente, nous l'avons déjà dit (§ 17) la quantité de force répulsive qu'il est nécessaire d'ajouter aux molécules, par suite de leur plus grand écartement, pour maintenir en équilibre leur tension intérieure avec la pression extérieure.

Il reste donc à évaluer la quantité de travail mécanique développée dans cette course. Si la détente se faisait suivant la loi de Mariotte, c'est-à-dire, la température *étant constante,* la pression 2 atm. serait ramenée au point de départ 1 atm. lorsque le volume serait doublé, c'est-à-dire après une course de 1 mètre du piston.

Mais la température baissant de 1° pour une dilatation de $\frac{1}{116}$ du volume primitif, les résultats obtenus par cette méthode seront trop forts. Il faudra les diminuer de quantités proportionnelles aux abaissements de pression dus aux abaissements de température. Afin de fixer les idées on peut établir le calcul dans les deux cas.

1er cas. — *Loi de Mariotte.* — Au départ la pression motrice, où la résultante entre les pressions intérieures et extérieures est 2 atm. — 1 atm. = 10333 kilog. Après un doublement de volume ou un mètre de course cette résultante sera zéro; de sorte que aux différents points de la course cette résultante, sera :

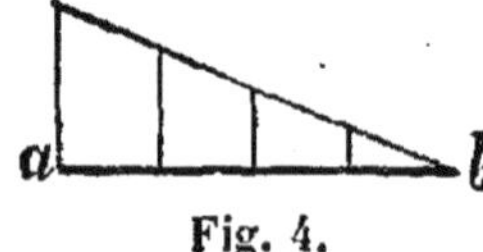

Fig. 4.

Au départ.	10333	kilog.
à 0,25 de course $= 0,75 \times 10333 =$	7767	—
à 0,50 — $= 0,50 \times 10333 =$	5165	—
à 0,75 — $= 0,25 \times 10333 =$	2562,5	—
à 1,00 — = ...	0,0	

Si, sur un axe $ab = 1$ mètre (fig. 4), divisé en quatre parties égales, on élève par les points de division des ordonnées tracées à l'échelle des pressions ci-dessus, il résulte de la similitude des triangles que la ligne des pressions sera l'hypothénuse d'un triangle rectangle et que le travail mécanique développé sera l'aire de ce triangle soit $\frac{10333 \times 1}{2} = 5166$ kilogrammètres.

2° Cas. — La température baissant de 1° pour une dilatation de $\frac{1}{116}$ du volume primitif; après une dilatation de $^1/_4$, $^1/_2$, $^3/_4$ ou doublement du volume primitif ou bien une course du piston de 0^m,25 0^m,50 0^m,75 1 mètre. les températures correspondantes, seront

diminuées de : $\frac{116}{4} =$	29°	58°	87°	116°
le thermomètre marquera	274°	245°	216°	187°

de sorte que les diminutions de pression résultant de ces abaissements de température seront approximativement :

$$\frac{29}{303} \times 7767,5 = 744 \text{ kilog.}$$

$$\frac{58}{303} \times 5165 = 990 \text{ kilog.}$$

$$\frac{87}{303} \times 2562,5 = 736 \text{ kilog.}$$

Si l'on porte ces quantités sur leurs ordonnées respectives, à partir de l'hypothénuse, on pourra sans tracer la figure, évaluer la surface de la courbe qui en résulte et par suite le travail mécanique, à l'aide de la relation bien connue

$$\frac{\frac{10330}{2} + (7023,5 - 744) + (5165 - 990) + (2562,5 - 736) + 1}{4} =$$

4547 kilogrammètres.

Ainsi le travail maximum d'une calorie, calculé sur l'air atmosphérique, serait en supposant la température constante

$$\frac{5165}{60,27} = 85,6 \text{ kilogrammètres.}$$

Mais si l'on tient compte des pertes de pression dues aux abaissements de température, ce travail n'est en réalité que

$$\frac{45,47}{60,27} = 75^k,4 \text{ kilogrammètres.}$$

Détermination du travail maximum d'une calorie sur les vapeurs saturées.

(Pl. XVII.)

§ 28. — Les lois suivant lesquelles les pressions des vapeurs saturées décroissent et s'annulent sont peu connues. Cette question n'a pas trouvé comme celle des chaleurs latentes un expérimentateur et un savant du mérite de M. Regnault pour l'élucider. Elle est du reste fort complexe et la pratique aurait besoin de connaître les pressions correspondant à chacun des points de la détente pour les cas principaux de l'emploi journalier :

1° Pour les détentes sans réchauffement comme dans les cylindres à vapeur de Watt; 2° pour les détentes avec réchauffement comme dans les cylindres à enveloppe de Woolf; 3° pour les vapeurs surchauffées se détendant dans les cylindres avec ou sans enveloppe.

A défaut d'expériences précises on possède quelques indications générales. Celles qui vont être rapportées sont extraites des travaux publiées par M. Laboulaye dans le *Dictionnaire des arts et manufactures.*

Voici en premier lieu une expérience fort ingénieuse de M. Hirn; elle établit que dans les vapeurs saturées une certaine condensation se produit à l'instant même ou une détente quelconque commence. M. Hirn a fait passer un courant de vapeur dans un cylindre pourvu de robinets d'entrée et de sortie, dont les deux centres correspondant des couvercles étaient garnis de regards en verre.

Lorsque les deux robinets restaient ouverts, la vapeur se trouvait parfaitement transparente. En fermant le robinet de sortie, puis celui d'entrée, la transparence persistait. Dans cet état si on ouvrait un peu le robinet de sortie, le robinet d'entrée demeurant fermé, on observait instantanément par les regards en verre, que la vapeur s'était transformée en brouillard très-épais, c'est-à-dire qu'elle contenait en suspension des globules liquides, de l'eau.

Voici ensuite deux expériences de M. Wickseed, physicien anglais, et une de M. Combes, qui précisent un peu les quantités condensées à différents points de la détente.

Admission au $^5/_8$ *ou* 0.625 *de la course.* — Pour une machine de Watt fonctionnant à cette détente, ce physicien a trouvé que le poids d'eau condensée était environ le $\frac{22}{1000}$ de la quantité totale d'eau envoyée au cylindre par la chaudière, à l'état de vapeur ce qui rapporté à la détente de 1 volume correspond à $\frac{1}{30}$ à peu près des calories de cette vapeur.

Admission au $^1/_2$ *de la course, détente à deux fois le volume* : « Sur une « machine de Cornwall, la vapeur qui entourait le cylindre et remplissait l'enve- « loppe sortait après avoir été condensée, par un tuyau adapté à la partie infé- « rieure. L'eau condensée fut environ $\frac{4}{100}$ de la quantité totale d'eau envoyée par « la chaudière à l'état de vapeur; et comme elle sortait à 130°, la chaleur ainsi « consommée pour chaque kilog de vapeur utilement employée, était $\frac{4}{100}$ (650

« — 130) = 20°,80 tandis que celle de la vapeur était 650 — 30=620, c'est-à-dire « environ $\frac{1}{30}$.

« *Admission au* $^1/_{20}$ *de la course.* — M. Combes a fait des expériences avec « une machine dans le cylindre de laquelle la vapeur à 3 atm. n'était reçue que « pendant $\frac{1}{20}$ de la course. L'eau condensée dans l'enveloppe était environ $\frac{1}{8}$ « de celle qui agissait dans le cylindre. Pour une détente de 1 volume la correc- « tion eût été $\frac{1}{252}$.

Récapitulation : les rapports entre ces deux quantités de chaleur sont pour ces différents cas :

Admission au $^5/_8$		*de la course*	=	$\frac{1}{30}$
—	$^1/_3$	—	=	$\frac{1}{60}$
—	$^1/_{20}$	—	=	$\frac{1}{252}$

c'est-à-dire que la quantité de vapeur condensée pour une détente correspondant à 1 volume diminue à mesure que l'amplitude de cette détente augmente.

Enfin, voici une expérience d'un caractère plus scientifique : « M. Morin en « faisant des expériences pour vérifier à quel point la loi de Mariotte était appli- « cable à la vapeur d'eau, a trouvé que les résultats obtenus en l'admettant étaient « trop forts de $\frac{1}{29}$. Telle est sa moyenne pour six expériences. Il faut ajouter « que les résultats étaient au contraire trop faibles quand la détente était poussée « à 10 ou 12 fois le volume primitif.

§ 29. — La décroissance des pressions est donc plus rapide dans les vapeurs saturées que dans les gaz permanents; et les expériences précédentes expliquent parfaitement ce résultat, puisqu'elles indiquent que pour chaque degré de la détente un certain volume de vapeur a disparu par suite d'une condensation correspondante.

M. Poncelet ayant dressé d'après la loi de Mariotte, *une table des quantités totales de travail développées par 1 mètre cube de vapeur sous différentes détentes et sous la pression de 1 atmosphère,* le coefficient déterminé par M. Morin permet d'obtenir avec une certaine approximation le nombre de kilogrammètres renfermés dans un certain volume de vapeur. Quant aux calories de ce même volume, comme elles sont connues avec précision, grâce aux expériences de Regnault, on pourra déterminer le travail maximum d'une calorie.

Toutefois le résultat ainsi obtenu sera un chiffre plutôt trop fort que trop faible ; car pour maintenir la température constante, M. Morin a dû procéder à des réchauffements après chaque dilatation. Ces réchauffements ont relevé la pression de sorte que le coefficient à apporter à la loi de Mariotte eût été plus fort que $^1/_{29}$ sans cette cause.

Comme il ne s'agit pas d'une détermination rigoureuse qui est impossible d'ailleurs avec les données actuelles, cette quantité inconnue sera négligée.

Soit donc 1 mètre cube de vapeur à 5 atm. se détendant à cinq volumes ou mètres cubes. A l'aide de la table de M. Poncelet on peut dresser le tableau suivant du travail total dû à l'action directe et à la détente :

TABLEAU des quantités totales de travail mécanique par action directe et par détente de 1^{m3} *de vapeur à 5 atm. soumis à la détente de 5 fois le volume primitif.*

VOLUMES	TENSIONS	TRAVAIL TOTAL RÉSULTATS DU TABLEAU × 5	DIFFÉRENCES des totaux ou travail de la détente	TRAVAIL de l'action directe
1^{m3} »	5	10333 × 5 = 51665kgm.		51665kgm.
2 »	4	17496 × 5 = 87480	35815, »kgm.	
3 »	3	21686 × 5 = 108430	20950, »	
4 »	2	24657 × 5 = 123290	14860, »	
5 »	1	26964 × 5 = 134820	11530, »	
Il reste à évaluer le travail de la détente de 1 atm. à zéro. Si nous observons que le travail mécanique résultant d'une détente suffisante pour faire baisser la pression d'un atm. décroît pour chaque atm. de 5 à 1, nous serons fondés à conclure que le travail qui amènera la pression de 1 atm. à zéro, sera inférieure à celui qui la fait passer de 2 à 1 atm. soit donc environ.			10000, »	
Total dû à la détente kilogrammètres .			93155, »	93155
Total dû à l'action directe et à la détente.				144820
Il résulte des expériences de M. Morin que ce total est trop fort de $1/29$ pour chaque dilatation de 1 volume, soit $5 \times \frac{93155}{29}$ $= 3215 \times 5 =$				16060
Total réel du travail mécanique de 1 mètre cube.				128760

Reproduisons le même calcul sur le poids de ce volume de vapeur porté à 10 atm. avec détente à 10 fois le volume primitif. Les *densités étant directement proportionnelles aux pressions et inversement proportionnelles aux volumes*, ce mètre cube à 5 atm. deviendra $1/2$ mètre cube à 10 atm. et le tableau suivant donne le travail pour la détente à 10 volumes.

VOLUMES	TENSIONS en atm.	TRAVAIL TOTAL ½ des RÉSULTATS DU TABLEAU × 10	DIFFÉRENCES des totaux ou travail de la détente	TRAVAIL de l'action directe
0m,500	10	$\frac{1}{2}$ 10333 × 10 = 51665		51665
1 ,» »	9	$\frac{1}{2}$ 17496 × 10 = 87480	35820	
1 ,500	8	$\frac{1}{2}$ 21686 × 10 = 108430	20950	
2 ,000	7	$\frac{1}{2}$ 24658 × 10 = 123290	14860	
2 ,500	6	$\frac{1}{2}$ 26964 × 10 = 134820	11530	
3 ,» »	5	$\frac{1}{2}$ 28848 × 10 = 144240	9420	
3 ,500	4	$\frac{1}{2}$ 30440 × 10 = 152200	7960	
4 ,» »	3	$\frac{1}{2}$ 31820 × 10 = 159100	6900	
4 ,500	2	$\frac{1}{2}$ 33038 × 10 = 165190	6090	
5 ,» »	1	$\frac{1}{2}$ 34127 × 10 = 170630	5440	
Opérant comme pour le tableau précédent pour le travail de 1 atm. à zéro, nous obtenons environ.			5000	
Total du travail dû à la détente kgmt.			123970	123970
Total dû à l'action directe et à la detente kgmt.				175635
A déduire $^{10}/_{29}$ trouvés en trop par M. Morin $\frac{10}{29} \times 123970 =$				42740
Total réel du travail mécanique kgmt.				132895

Ces totaux devant être trop forts en raison des réchauffements que nous avons négligés, il nous semble que le chiffre de 130000 kgmt. pourra être considéré comme le travail mécanique total renfermé dans ce poids de vapeur, et qu'il sera plutôt trop fort que trop faible.

Or, 1 kilog. de vapeur à 5 atm. représentant 389 litres, le travail total du kilog. de cette vapeur sera *0,389 × 130000 = 50570* kgmt.

Le total des calories de ce kilog nous est donné par la formule 606 + 0,305 T; et T étant égal à 151°, 2, ce total = 652,4.

D'où le travail maximum d'une calorie $= \frac{50570}{652,4} = 77^{k},5.$

C'est ici le lieu d'insister sur une remarque faite par M. Laboulaye dans ses études déjà citées : lorsqu'on dirige sur un condenseur, un poids de vapeur ayant travaillé *sans détente* pendant une course entière de piston, on retrouve dans l'eau de condensation la totalité du calorique latent et sensible afférent à ce poids. il n'y manque rien. Les calories nécessaires à réchauffer l'espace décrit par le piston ont été fournies par la chaudière, et la détente s'est opérée sur la chaudière.

Des expériences consignées dans le *Bulletin trimestriel* du cercle des mécaniciens français de Marseille (avril, mai, juin 1872) confirment bien cette manière de voir. « Dans les machines de *Lorient*, est il dit, qui fonctionnaient avec de la « vapeur saturée aussi sèche que possible on a trouvé néanmoins qu'avec les « $\frac{5}{10}$ d'introduction, par exemple, la différence entre le volume théorique et « le volume dépensé de vapeur était de 25 % environ. Il est rationnel d'admettre « comme chose probable que ce rapport varie d'une machine à l'autre, soit « parce que les vapeurs sont plus ou moins sèches, soit parce que les volumes des « cylindres semblables varient comme les cubes, tandis que les surfaces ne « *varient que comme les quarrés des dimensions linéaires*; mais il est probable « que dans la plupart des machines marines ce chiffre de 25 % est au-dessous « de la vérité ».

Les chaudières de *Lorient* fournissaient donc bien aux cylindres moteurs, par une condensation très-importante de vapeur, la quantité de chaleur nécessaire à relever l'abaissement de température produit par la marche rétrograde du piston.

La détente ou l'expansion de la vapeur se faisait donc sur les chaudières mêmes, ce qui confirme que pendant l'admission, *il n'y a pas d'action directe ou* de travail *sans détente*; que la valeur indiquée dans la première colonne horizontale du tableau de M. Poncelet ne doit pas exister; et qu'enfin le travail total du mètre cube se trouve dans les colonnes suivantes qui indiquent les kilogrammètres produits par la détente.

Une opération fictive en rend aussi très-bien compte : si l'on suppose qu'un cube de vapeur est prélevé d'une chaudière et placé sous un piston, cet organe ne pourra rétrograder sans qu'à l'instant même la détente commence; *si* l'on suppose encore que le cylindre moteur est placé directement sur l'eau servent à la vaporisation, le cas des expériences de *Lorient* se reproduira.

Mais si l'on déduit des résultats trouvés précédemment les chiffres de la première colonne horizontale du tableau, représentant l'*action directe*, le maximum obtenu pour le travail d'une calorie sera sensiblement changé et deviendra.

Travail total d'un mètre cube à 5 atm. = 130,000 — 51000 = 79000 kgmt.

Travail total d'un kilog de vapeur à 5 atm.

$$0{,}389 \times 79000 = 30730 \text{ kgmt.}$$

d'où le maximum d'une calorie

$$\frac{30730}{652{,}4} = 47 \text{ kgmt.}$$

Soit en chiffres ronds et comme approximation 50 kgmt.

§ 30. — *Expériences de la société industrielle de Mulhouse.* — La société industrielle de Mulhouse, que l'on trouve à la tête de tous les progrès, s'est occupée de la détermination du travail produit par la détente à un point de vue pratique. Dès l'année 1857 elle a entrepris, dans ce but, des expériences dirigées par un expérimentateur habile et un savant M. Hirn. On en trouvera la relation dans les bulletins nos 138, 139 de cette société, ainsi que dans l'étude « *Equivalent du travail de la chaleur*, publiée par M. C. Laboulaye dans le complément du *Dictionnaire des arts et manufactures*. Elles ont été faites sur des machines de grande puissance, de 80 à 130 chevaux-vapeur. Elles avaient pour objet de déterminer le travail produit par la détente et les calories disparues au condenseur.

Le travail total de la machine était constaté tant par des expériences au frein, que par la substitution à ce moteur de turbines dont le travail était bien connu. Le travail produit pendant l'admission de la vapeur dans le cylindre, se déduisait de la mesure des courbes fournies par l'indicateur de Watt.

Retranchant cette dernière partie du total, la différence représentait le nombre de kilogrammètres produits par la détente.

Quant aux calories disparues, elles étaient mesurées en versant l'eau du condenseur dans des vases jaugés. Une simple indication du thermomètre indiquait la quantité de calories rejetées par le condenseur. Toutes les précautions nécessaires ont été prises pour donner à ces expériences une précision aussi grande que possible ; on en trouvera la relation dans les originaux qui viennent d'être cités ; voir le tableau pl. XVII qui en donne le résumé :

Il faut observer que dans ce tableau, le travail maximum d'une calorie a été évalué en divisant les kilogrammètres produits par la détente, par les calories non retrouvées au condenseur. L'examen de ces résultats va permettre de constater une fois de plus l'erreur de cette méthode.

Suivons d'abord la trace des chaleurs disparues. Si l'on suppose que la vapeur dont la détente fait rétrograder un piston s'arrête à un certain point de la course et que celui-ci continue son mouvement, il décrira un volume de vide, qui le séparera de la vapeur qui le repoussait. La glace qui se produit et se maintient sur le plateau de la machine pneumatique, indique que la production du vide est toujours accompagnée d'un abaissement considérable de température. Si l'on détend la vapeur dans cet espace refroidi, une certaine partie se condensera, son calorique latent le réchauffera et portera sa température à une certaine moyenne comprise entre la température initiale de la vapeur, et celle de l'espace vide.

Les calories affectées à ce réchauffement, qui se retrouvent à l'état latent dans le volume décrit (puisque en le comprimant elles reparaitraient) constituent les calories disparues dans le travail dont le manquant a été constaté au condenseur.

Si l'on saisit l'instant précis où le piston est arrivé à l'extrémité de sa course, où la détente est complétement effectuée, la disparition de ces calories est complète. Leur quantité n'augmentera ni ne diminuera, soit qu'on dirige l'échappement dans l'atmosphère, soit qu'on le dirige dans le condenseur. Mais si dans ce dernier cas, on crée une augmentation de travail mécanique très-considérable sur le premier, il en résulte qu'on obtiendra pour un même nombre de calories disparues, deux quantités bien différentes de kilogrammètres, et par suite deux quantités bien différentes aussi pour le rendement d'une calorie en travail mécanique, suivant que la vapeur d'échappement est dirigée dans l'atmosphère ou dans le condenseur ; en voici l'évaluation.

On trouve dans le magnifique ouvrage de M. Armengaud aîné, sur les moteurs à vapeur, des tableaux desquels les chiffres suivants sont extraits :

Puissances en chevaux développées par des cylindres à vapeur de différentes dimensions et pour 10 coups doubles de piston par minute. Vapeur à 5 atm. et détente au $^1/_5$ dans les deux cas.

CYLINDRE			TRAVAIL EN CHEVAUX VAPEUR	
DIAMÈTRES.	COURSES.	VOLUMES.	sans condensation.	avec condensation
0^m,30	0^m,43	0^{m3},030394	1 $^{chv.}$,348	2 $^{chv.}$,102
0 ,40	0 ,57	0 ,071628	3 ,177	4 .953
0 ,50	0 ,83	0 ,162970	8 ,432	13 ,148
0 ,60	1 ,00	0 ,282743	14 ,629	22 ,811
0 ,70	1 ,170	0 ,450268	23 ,298	36 ,326

Ce tableau indique finalement, que pour une même détente et un même volume de vapeur dépensé, sous la même pression et sur une même machine dans les deux cas, le condenseur produit directement une augmentation de travail mécanique, supérieur de 60 % à celui de la même machine fonctionnant sans condenseur.

D'après cela, si on évalue le travail maximum d'une calorie pour les deux cas, avec et sans condensation, *par la méthode des chaleurs disparues*, en prenant pour exemple la première machine du tableau qui est à 1 cylindre de Watt, on a :

$$\text{avec condenseur } E = \frac{5502}{365} = 151 \text{ kgmt.}$$

En supprimant le condenseur et dirigeant l'échappement dans l'atmosphère, le rendement de la machine en kgmt., sera :

$$1{,}50 : 5502 :: 1 : x ; \; x = 3440. \text{ kgmt.}$$

d'où $E = \frac{3440}{365} = 94$ kgmt. résultats non moins discordants que ceux obtenus avec la même méthode, sur la compression des vapeurs saturées et de l'air, (§ 18 et 19).

§ 31. — La dernière colonne du tableau a été ajoutée par nous. Elle est l'application de la méthode établie dans cette étude pour l'évaluation du travail maximum d'une calorie; elle est donc le quotient de la division des kilogrammètres développés par la détente (colonne 25), par le total des calories envoyées au piston qui ont développé ce travail (colonne 22), et exprime ainsi le rendement effectif obtenu par une calorie dans ces machines.

Si l'on se rappelle que le rendement maximum d'une calorie ne peut excéder 50 kgmt. pour les vapeurs saturées (§29), on trouvera que la machine à deux cylindres faisant l'objet de la 6e expérience, consommant $1^k,600$ de charbon par cheval et par heure, et produisant 25,6 kgmt. par calorie atteignait le résultat assez remarquable de $\frac{25,6}{50}$, soit environ 40 % de l'effet utile de la vapeur détendue.

Mais cette utilisation ne se rapporte qu'à la quantité de chaleur envoyée par la vapeur de la chaudière au cylindre. Comme les meilleurs générateurs, ne rendent que 70 % environ, de la quantité de chaleur du combustible, si l'on suppose que celui de cette machine se trouvait dans des conditions assez parfaites pour atteindre ce tantième, l'utilisation de la chaleur du combustible eut été.

Perte due au générateur = ...	0,30
Effet utile de la machine = ...	0,40
Perte due à la machine = ...	0,30
	1,00

Si l'on considère les deux expériences du tableau ayant donné les rendements extrêmes 18,8 et 31,2 kgmt. pour une calorie, l'effet utile de la vapeur consommé sera approximativement pour la première

$$\frac{18,8}{50} = 0,376$$

pour la seconde

$$\frac{31,2}{50} = 0,624$$

On a vu (§ 28) que la détente des vapeurs saturées suit une loi bien différente de celle des gaz; que la détente de ces vapeurs est inhérente à la condensation d'une certaine partie de leur volume et par suite a une diminution de pression qui n'existe pas dans les gaz.

La conséquence de cette différence est que le rendement maximum d'une calorie doit être plus fort dans les gaz que dans celles-ci. Les résultats des études précédentes concordent assez bien avec cette indication générale, car on a obtenu pour ce maximum,

71 kilogrammètres pour l'air atmosphérique;
47 kilogrammètres pour les vapeurs saturées.

Les vapeurs surchauffées étant un état intermédiaire des corps, entre les vapeurs saturées et les gaz parfaits, il n'est pas sans intérêt de rechercher si la valeur de ce maximum, n'augmente pas en même temps que la surchauffe; c'est-à-dire, à mesure que les vapeurs se rapprochent de l'état gazeux et que la condensation diminue pendant la détente.

Travail mécanique correspondant à 1 calorie dans les vapeurs surchauffées.

§ 32. — Le rendement d'une calorie en travail mécanique dans les vapeurs d'eau n'est pas constant; il est un minimum dans les vapeurs saturées et il croît en même temps que la surchauffe.

Soit 1 mètre cube de vapeur saturée à $3^{at},75$, d'une densité de $1^{k},983$, à la température de 142° et dont la chaleur spécifique est à fort peu près, suivant Regnault, de 0,45 pour toutes les pressions.

Si on chauffe ce mètre cube de 88°, pour obtenir une surchauffe moyenne de $142 + 88 = 230°$, le nombre de calories nécessaires sera $1,983 \times 0,45 \times 88° = 78,5$ cal; et en appliquant la loi de Gay-Lussac généralement admise pour de telles évaluations, on trouve que le volume dilaté est :

$$\text{Volume à zéro, } v = \frac{1}{1 + 0,00367 \times 142} = 0^{m^3},657$$

$$\text{Volume à 230°, } v' = 1 + (0,00367 \times 0,657 \times 88) = 1^{m^3},212$$

On verra bientôt que la quantité de travail mécanique renfermée dans deux volumes égaux de vapeurs surchauffées ou saturées est plus considérable pour les premières que pour les secondes; mais en admettant simplement l'égalité, on voit que le volume ayant été augmenté de $^1/_5$ par la surchauffe, la quantité de travail mécanique disponible est aussi augmentée de $^1/_5$, soit 20 %.

Mais ce n'est pas tout; le mètre cube de vapeur saturée, pris pour exemple, renfermant :

$$1^{k},983\ (606,5 + 0,305 \times 142) = 1289 \text{ calories;}$$

et le mètre cube de vapeur surchauffée ne renfermant plus que $\frac{1289 + 78,5}{1,212}$ $= 1120$ calories, il en résulte que chaque mètre cube dépensé en vapeur surchauffée, produit, sur les vapeurs saturées une économie de $1289 - 1120 = 169$ calories, soit encore une économie de 13 %.

Le rendement d'une calorie dans les vapeurs saturées ayant été trouvé de.		47 » kgmt.
L'accroissement de volume dû à la surchauffe augmentant le volume et la puissance de	20 % =	9,4 kgmt.
Et diminuant la consommation des calories de	13 %	5,6
	33 %	62 » kgmt.

il en résulte que la surchauffe à 230° a augmenté le rendement d'une calorie de 33 % et qu'il devient 62 kgmt.

L'examen de la 28e colonne du tableau (§ 30) confirme ces résultats. L'enveloppe de vapeur dans les cylindres produit une véritable surchauffe qui s'opère pendant la détente; la première expérience de ce tableau offre l'exemple d'une machine ayant fonctionné avec vapeur saturée et avec vapeur surchauffée.

Une calorie y a développé = 18,8 kgmt.
Une calorie avec surchauffe. 24,8

6,0

Soit une augmentation produite par la surchauffe d'environ 32 % dans le rendement.

§ 33. — D'autres expériences de la Société industrielle de Mulhouse confirment ces résultats. Elles établissent qu'un certain volume de vapeur surchauffée développe un travail mécanique plus considérable, qu'un même volume de vapeur saturée, et cela malgré que le volume de vapeur surchauffée renferme moins de calories que celui de vapeur saturée.

Le détail de ces expériences est reproduit ci-après; voici la relation de ce fait, par le rapporteur M. Hirn, extraite des bulletins nos 138 et 139 de cette société.

En premier lieu il s'agit d'une machine de Woolf qui a fonctionné sans surchauffe d'abord, puis avec vapeur surchauffée à 210°.

« J'ai dit que dans toutes mes expériences, je relevais le nombre de tours faits « par le volant de la machine, en même temps que se faisait avec soin l'éva- « luation de l'eau évaporée et de la houille brûlée. La pression étant tenue rigou- « reusement constante, les expériences étaient parfaitement comparables; on « connaissait la vapeur enlevée par chaque coup de piston.

« A la machine Woolf, le volume des cylindres est naturellement le même « dans tous les cas; à la machine à un cylindre et à détente variable, je fixais « la détente pour tout le cours d'un même genre d'expériences : les volumes « engendrés étaient donc aussi constants.

« La machine de Woolf marchant à 3st,75 dépensait 0k,4125 de vapeur saturée « par coup de piston. La vapeur étant surchauffée de manière à avoir 210° en « moyenne à son entrée dans l'enveloppe de Watt, la dépense par coup de piston « s'est abaissée à 0k,377. L'économie de vapeur est de 0k,4125 — 0k,377 = 0k,0355, « soit 8,7 % de la quantité primitive. L'augmentation de volume de la vapeur « est évidemment en raison inverse des nombres 0k,4125 et 0k,377, et égale à « $\frac{0,3125}{0,377} = 1,094$.

En consultant les chiffres du tableau de cette première série d'expériences, on trouve que la machine de Woolf, avec une surchauffe de 210° donne une économie de combustible de :

$$\frac{102 \times 1992}{107 \times 2352} = 0,20, \text{ soit } 20\ \%$$

Mais comme le générateur marchant avec une surchauffe à 210°
vaporisait par kilog de houille. 6k,45
Et sans surchauffe par kilog de houille 6k,25

Différence. 0k,20

Il y avait une économie d'environ 4 % qui était attribuable à l'appareil de vaporisation; et 16 % au fonctionnement de la vapeur surchauffée dans le cylindre, pour un même volume de vapeur dépensée. En outre l'emploi de la vapeur surchauffée a porté la puissance de la machine de 102 à 105 chevaux ce qui établit l'excès de puissance, sous un même volume, des vapeurs surchauffées sur les vapeurs saturées de même pression.

2e série d'expériences, machine à un cylindre, surchauffe moyenne à 230°.

Cette machine a donné par la surchauffe une économie de $\frac{2400}{3456} = 0,31$, soit 31 °/°.

Mais 1 kilog de houille ayant vaporisé :

Avec surchauffe = ...	$5^k,63$ d'eau
Sans surchauffe	5 ,12
Différence.	0 ,51

soit 9,7 °/₀ provenant du générateur et du foyer et environ 21 °/₀ résultant de la modification dans la détente produite par la surchauffe.

3° série d'expériences, machine à 1 cylindre, détente de 1 à 6 ; surchauffe à 240 degrés.

Cette surchauffe a conduit à une économie de $\frac{102 \times 2835}{128 \times 4300} = 0,47$, soit 47 °/₀ avec un même volume de vapeur dépensée ; en même temps la surchauffe portait la puissance de la machine de 102 à 128 chevaux (ce qui établit encore l'excès de puissance d'un même volume de vapeur surchauffée sur des vapeurs saturées de même pression), et réduisait la consommation de houille de $3^k,46$ à $1^k,81$. Mais 1 kilog. de houille ayant vaporisé :

Avec surchauffe	$5^k,39$ d'eau
Sans surchauffe	3 ,88
Différence. . . .	$1^k,51$

soit 28 °/₀, on voit que le générateur se trouvait sans la surchauffe dans des conditions déplorables, et que la seule économie réellement due à la modification apportée au travail de la détente par la surchauffe est 47 — 28, soit 19 °/₀.

En résumé l'économie résultant de l'amélioration apportée par la surchauffe au travail de la détente de la vapeur dans les cylindres a été :

Surchauffe à 210° (machine à 2 cylindres) = 16 °/₀
— à 230° (— à 1 cylindre) = 20 °/₀
— à 245° (— à 1 cylindre) = 19 °/₀

Chiffres assez conformes aux évaluations du calcul primitif (§ 32) qui ont donné 20 à 33, 2 c °/₀ pour une surchauffe à 230°.

M. Hirn établit de la manière suivante l'économie de calories résultant de la surchauffe dans deux volumes égaux de vapeur saturées et surchauffées.

« Les recherches récentes de M. Regnault, ont montré que la capacité calori-
« fique de la vapeur est à fort peu près 0,45 pour toutes les pressions. En partant
« de cette donnée, il nous est facile de comparer entre elles les quantités de
« calorique nécessaires pour produire un volume donné de vapeur, ou pour
« dilater un autre volume déjà existant, de manière à obtenir un excès égal au
« volume produit directement. Prenons pour exemple l'expérience faite sur la

« machine à 1 cylindre avec surchauffe à 230°. Sans surchauffe, la dépense de « vapeur est $0^k,451$, sur lesquels $0^k,0228$ sont de l'eau vésiculaire. Avec la sur- « chauffe cette dépense se réduit à $0^k,354$. L'accroissement de volume dû à la « surchauffe est évidemment égal au volume de vapeur qu'occupait un poids de « vapeur égal à la différence $0^k,106$ des deux dépenses 0,451 et 0,34. Or, pour « évaporer sous la pression de $3^{at},75$ ce poids de $1^k,106$, il faut 0,106 (606,5 + « 0,305 × 143, = 65,2 calories (143° étant la température de la vapeur saturée à « la pression indiquée). Pour porter 0,345, de vapeur de 143° à 230°, qui est la « température à laquelle nous avons surchauffé, il nous faut d'un autre côté « 0,45 × 0,345 (230 — 143) = 27,8 calories.

« La quantité de calorique nécessaire pour dilater la vapeur dans le rapport « $\frac{0,845}{0,451}$ est donc à peine le 0,426 de celle qu'il faut pour produire directement « un volume de vapeur égal à l'excès qui est dû à cette dilatation. Et si mainte- « nant nous nous rappelons que l'appareil de surchauffe agit comme surface de « chauffe supplémentaire ajoutée à la chaudière, nous concevons que l'économie « de vapeur due à la surchauffe doit se traduire tout entière en économie de « combustible. »

Mais cette économie de calories, pour la production d'un même volume de vapeur, n'est pas la seule cause d'économie due à la surchauffe. Outre que chaque cylindre de vapeur surchauffée, absorbe moins de calorie sous le même volume, que celle de vapeur saturée, on a vu encore que dans chacune de ces trois séries d'expériences, la surchauffe avait augmentée la puissance des machines par l'amélioration même du travail de la détente :

Pour machine de Woolf, surchauffe à 210°. — De 102 à 107 chevaux.

Pour machine à 1 cylindre, surchauffe à 245°. — De 102 à 128 chevaux.

M. Hirn rend compte en ces termes de la modification produite dans la loi de la détente des vapeurs saturées par le fait de leur surchauffe.

« Nous avons vu (page 139 bulletin 133) que lorsque la vapeur se détend sans « recevoir de calorique des parois du vase, où elle est renfermée, elle se résout « partiellement en eau par suite du refroidissement qu'elle éprouve par l'ex- « pansion. »

« C'est en évitant cette condensation, et par suite, cette déperdition rapide de « pression, que l'enveloppe à vapeur de Watt exerce surtout son action si utile : « cette enveloppe, en effet fournit du calorique au gaz aqueux, qui augmente « de volume dans l'intérieur du cylindre, et bien que ce calorique, soit pris à la « vapeur elle-même envoyée de la chaudière, la force motrice dont il évite la « perte compense avec usure cette dépense première; mais ajouter du calorique « à la vapeur au moment où elle se détend, ou l'y ajouter à l'avance en la « surchauffant doit avoir les mêmes conséquences ; il était à prévoir à peu près « à coup sûr que la surchauffe portée au degré convenable préviendrait le phé- « nomène de condensation signalé, et conduirait à équivaloir, au moins en partie « à l'effet de l'enveloppe de Watt. Il était à prévoir, en un mot, que la surchauffe « sauverait une perte de force dans nos machines à très-peu près comme le fait « l'enveloppe, et c'est en effet ce que l'expérience a pleinement confirmé, comme « nous avons vu. Voilà ce qui concerne à la fois la théorie et la pratique. »

En outre si l'on se reporte à la dernière colonne du tableau du § 30, on voit que le maximum de travail d'une calorie avec les vapeurs saturées n'a pas excédé 21.3 kilogrammètres, tandis que avec les vapeurs surchauffées, il atteint 31,2 kilogrammètres.

On peut donc conclure du calcul et des expériences précédentes, que contrairement aux hypothèses de la théorie qui a fait l'objet de cette étude, le travail maximum dû aux pressions développées par 1 calorie varie non-seulement avec la nature des corps employés pour les utiliser; mais qu'il varie pour un même corps; et que dans la vapeur d'eau, il augmente en même temps que la surchauffe de cette vapeur.

Voici les tableaux des trois séries d'expériences qui ont été mentionnées :

1re SÉRIE D'EXPÉRIENCES, MACHINE WOOLF.

Détente 1 : 4,3

	SURCHAUFFE moyenne 210°.	SANS surchauffe.
Houille brûlée (Saarbruck)	1992 k.	2352
Eau évaporée — kilos	12350	13962 + 748
Nombres de coups de piston	34082	33962
Durée du travail	12 h.	12 heures.
Tension de la vapeur	3at,75	3at,75
Tension du condenseur	1/10 at.	1/8 atm.
Vapeur dépensée par seconde	0k,2974	0k,3232
Vapeur par coup de piston	0 ,377	0 ,4111
Force en chevaux	107	102

2e SÉRIE D'EXPÉRIENCES, MACHINE A 1 CYLINDRE.

	SURCHAUFFE moyenne 240°	SANS surchauffe.
Houille brûlée Saarbruck	2400 k.	3456 k.
Eau évaporée	13525	17688
Nombres de coups de piston	39779	39201
Durée du travail	12 heures.	12 heures.
Tension de la vapeur	3at,75	3at,75
Tension du condenseur	1/10 at.	1/8 at.
Vapeur dépensée par seconde	0k,313	0k,409
— — par coup de piston	0 ,343	0 ,451

3e SÉRIE D'EXPÉRIENCES, MACHINE A UN CYLINDRE.

Détente de 1 à 6

	SURCHAUFFE moyenne 240°	SANS surchauffe.
Houille brûlée Saarbruck	2835 k.	4300 k.
Eau évaporée	15294	19693
Nombres de coups de piston	39558	39480
Durée du travail	12h.11 min.	12h,6 min.
Tension de la vapeur	4at,5	4at,5
Tension du condenseur	?	?
Vapeur dépensée par seconde	0k,348	0k,452
— — par coup de piston	0 ,3866	0 ,498
Force en chevaux	128	102

§ 34. — Le maximum de travail mécanique correspondant à une calorie a été trouvé.

Pour l'air atmosphérique	75 kilogrammètres.	
Pour les vapeurs saturées,	47	—
Pour les vapeurs surchauffées à 230° =	62	—

Conformément à l'énoncé placé en tête de ce chapitre, le rendement d'une calorie en travail mécanique est une quantité variable; il est modifié par l'état des vapeurs; il est un minimum dans les vapeurs saturées; il croît en même temps que la surchauffe de celles-ci; enfin il atteint un maximum dans l'air atmosphérique ou les gaz parfaits.

Production du froid par les pistons des machines à vapeur.

§ 35. — *Chaleur spécifique.* — « La capacité calorifique des corps, a dit « Regnault à la suite de ses expériences, se compose de leur capacité calorifique « proprement dite, et de la chaleur que ces corps absorbent à l'état de chaleur « latente en augmentant de volume. Le résultat donné par l'expérience est donc « un résultat complexe, dans lequel, heureusement, la chaleur spécifique « domine assez pour que la loi élémentaire ne soit pas voilée. »

Nous avons donc à distinguer : 1° La chaleur nécessaire à faire varier la température des molécules; 2° La chaleur nécessaire à élever la température du volume dilaté, que Regnault nomme chaleur latente.

Si dans les solides la chaleur spécifique moléculaire domine assez pour que la loi élémentaire ne soit pas voilée, il n'en est plus de même pour les vapeurs et les gaz. Dans ces derniers en effet, si la chaleur moléculaire *ou à volume constant* est 1, — la chaleur spécifique sous pression constante est 1, 4; il en résulte que la chaleur nécessaire à l'augmention du volume, cette « *chaleur latente* » est 0,4, ou 40 % de la chaleur moléculaire.

Cet emploi de chaleur latente peut être expliqué. L'augmentation de volume est acquise sur l'atmosphère. Cette atmosphère est repoussée. L'air qui occupait cet espace en disparaît; et il se produit un même abaissement de température que s'il eut été aspiré par le piston d'une machine pneumatique. Les 0,4 de chaleur dont l'emploi est indiqué par la relation précédente représentent donc la quantité de chaleur nécessaire pour relever la température de cet espace vers le degré de l'air qui le sature.

§ 36. — *Production du froid par la dilatation de l'air.* — La relation donnant le rapport entre les chaleurs spécifiques à pression et à volume constant, permet de déterminer cette chaleur latente ou les quantités de chaleur absorbées par la dilatation d'un volume déterminé, 1 mètre cube d'espace vide par exemple.

Si on chauffe de 1° à pression constante 1 mètre cube d'air à zéro degré et à $0^m,76$ de pression la chaleur consommée pour chauffer les molécules et le volume dilaté sera, $1^k,300 \times 0,2377 =$ 0,3090

Pour chauffer les molécules seulement (ou l'air sous volume constant), il faudra $\dfrac{0,3090}{1,4} =$ 0,2206

La différence entre ces deux quantités = ... $0^c,0884$

représente donc la quantité de chaleur nécessaire pour élever $3^{lit},67$ d'espace à la température du volume dilaté. Pour un accroissement de 1 mètre cube, la chaleur appelée *latente* par Regnault, nécessaire à réchauffer cet espace, serait, indépendamment de la chaleur moléculaire; 0,0884 : 0,00367 = 24 calories.

On peut essayer de vérifier ce chiffre. Si on laisse détendre 1 mètre cube d'air, sans addition de chaleur, la température s'abaissera; et cet abaissement de température représentera une consommation de chaleur, fournie par les molécules même de cet air qui aura été utilisée à réchauffer le volume dilaté. Si le calcul précédent est exact, cette chaleur consommée devra donc être 24 calories.

A l'article « *calorie* » du *Dictionnaire des arts et manufactures*, M. Laboulaye indique que, pour une dilatation $\dfrac{1}{116}$ du volume primitif, sans addition de chaleur, la température de l'air atmosphérique baisse de un degré. Appliquée à 1 mètre cube à 0°, cette dilatation représente un volume de $\dfrac{1^{m3},000}{116} = 0^{m3},00862$.

La chaleur spécifique consommée par l'abaissement de température pour réchauffer 8,62 litres, est : $\dfrac{0,2377}{1,4} \times 1,300 = 0^c,2206$, soit pour 1 mètre cube

$$0^c,2206 : 0,00862 = 25^c,5$$

au lieu de 24 calories trouvées par le chauffage direct; concordance bien suffisante pour le sens général des calculs que nous avons en vue.

§ 37. — Si donc, maintenant, on considère un piston de 1 mètre quarré de surface recouvrant 1 mètre cube d'air à zéro degré et à 76 de pression, et qu'on le fasse rétrograder pour dilater cet air de $\dfrac{1}{116} = 8,62$ litres; $\dfrac{2}{116} = 8^l,62 \times 2$, $\dfrac{3}{116} = 8^l,623 \times ,3$ etc. $\dfrac{10}{116} = 8^l,62 \times 10$, les quantités de *chaleur latente* absorbées pour réchauffer ces accroissements de volume seront 0,2206 calories;

0^c,2206 × 2; — 0^c,2206 × 3, etc., 0,2206 × 10, et enfin les abaissements de température de l'air dilaté, correspondant à ces détentes, seront successivement : 1°, 2°, 3°, 4° et 10°, c.

§ 38. — *Production du froid par la dilatation de la vapeur.* — Lorsqu'une atmosphère de vapeur remplace l'air sous un piston, dont la marche rétrograde dilate cette vapeur, la production du froid se génère d'une manière identique. Il faut toujours une même quantité de calories pour réchauffer un même volume; et, soit que le piston reçoive directement la vapeur de la chaudière, soit que le volume admis se dilate, il faut toujours 0^c,2206 pour réchauffer un volume décrit par le piston de 8,62 litres; soit 25,5 calories pour un volume dilaté de 1 mètre cube.

Mais, suivant Regnault (*Traité de chimie*, 4e volume, édition de 1869, § 1275), les vapeurs ne se comportent comme les gaz, c'est-à-dire, ne suivent les lois de Mariotte pour les élasticités et celle de Gay-Lussac pour les dilatations, qu'à des points plus ou moins éloignés de la température d'ébullition de leur liquide et variant suivant la nature de ces liquides. Pour les vapeurs d'alcool il serait à 30° seulement au-dessus de ce point d'ébullition qui est 78° $^1/_2$ pour les vapeurs d'acide acétique monohydraté, qui bout à 120°, ce point serait à 120° au-dessus, soit 240°. Pour la vapeur d'eau le degré de la surchauffe correspondant à ces lois n'est pas indiqué; mais l'expérience enseigne que si elles ne sont point gazéifiées par une surchauffe suffisante, une certaine partie d'autant plus importante que la surchauffe est moindre, se condense par la détente ou la dilatation, § 28, 33.

Il en résulte qu'en outre de la chaleur spécifique des vapeurs, la chaleur latente des volumes condensés réchauffe les volumes générés par les pistons : de sorte qu'en appliquant les calculs précédents sur l'air à la vapeur d'eau, les résultats obtenus auront besoin d'une certaine correction.

Soit un piston de machine à vapeur actionné à chaque pulsation par un mètre cube de vapeur non surchauffée à 3,75 atm. de pression, 142° de température. Les calories nécessaires pour réchauffer les volumes dilatés à différents points de la détente seront :

Détente à 1 volume ou,

1 mètre cube =	....	25.5	calories (36)
2 —	....	51	—
3 —	....	76,5	—
4 —	....	102,	—
5 —	....	127,5	—
10 —	....	255	—

La chaleur spécifique de la vapeur étant 0,48 sera pour le mètre cube en fonction 1,983 × 0,48 = 0,95,

Les températures, abstraction faite des condensations, seront donc aux différents points de la détente.

DÉTENTES.	CALORIES réchauffant le volume dilaté.	ABAISSEMENT de température	TEMPÉRATURE après la détente.
1 volume.	25°,5	$\frac{25,5}{0,95} = 27°$	142 — 27 = 115°
2 —	51 ,»	$\frac{51}{0,95} = 54$	142 — 54 = 88
3 —	76 ,5	$\frac{76,5}{0,95} = 80$	142 — 80 = 62
4 —	102 ,»	$\frac{1,02}{0,95} = 107$	142 — 107 = 35
5 —	127 ,»	$\frac{1,27}{0,95} = 134$	142 — 134 = 8
10 —	255 ,»	$\frac{2.55}{0,95} = 268$	142 — 268 — 126°

Si les vapeurs saturées suivaient les lois des gaz permanents, les vapeurs d'eau à 3at,75, détendues à cinq volumes arriveraient au condenseur à + 8°; et pour une détente à 10 volumes à — 126°.

Mais une certaine partie se condense pendant la détente, pour une cause analogue à celle qui produit les brouillards dans l'atmosphère, lorsque la température s'abaisse en-dessous du degré auquel correspond la tension des vapeurs en suspension dans l'air ; puis la chaleur latente dégagée pendant cette condensation surchauffe à la fois et les espaces décrits et les vapeurs restantes, de sorte que pour une pression de $^1/_{10}$ d'atmosphère, la température dans les condenseurs varie assez généralement de 58 à 64°.

Pour une détente à 5 volumes l'élévation de température due à ces condensations est donc 60° — 8° = 52°, — ce qui correspond à une utilisation de chaleur :

$$52 \times 0,95 = 49^c,4 \text{ calories},$$

Et pour une détente à 10 volumes, l'élévation de température due à cette cause = 126 + 60 = 186 ce qui correspond à une utilisation de chaleur de

$$1[illegible] \times 0,95 = 176 \text{ calories}.$$

Une partie de ces quantités, la chaleur moléculaire peut se retrouver par la condensation des vapeurs, quant à celle qui se trouve à l'état latent dans le volume dilaté; elle est, pour détente à 5 volumes $49 - \frac{49}{1,4} = 14$ calories;

$$\text{Pour détente a 10 volumes} = 176 - \frac{176}{1,4} = 51 \text{ calories}.$$

Le total de chaleur latente absorbée pendant la détente à réchauffer l'espace dû à l'augmentation de volume, est donc :

Détente à 5 volumes = 127 + 14 cal. = 141 cal.
Détente à 10 volumes = 255 + 41 cal. = 306 cal.

Les quantités totales de chaleur latente et sensible du mètre cube en fonction étant 1289 calories (32), le rapport des chaleurs ainsi utilisées à la chaleur totale, est :

$$\text{Détente à 5 volumes } \frac{141}{1289} = 0{,}11$$

$$\text{Détente à 10 volumes } \frac{306}{1249} = 0{,}23$$

Une même quantité de chaleur peut-elle être utilisée plusieurs fois à la production du travail mécanique.

§ 39. — *Production du travail mécanique par la chaleur des vapeurs d'eau.* — Il ressort de l'étude précédente que la chaleur produit le travail mécanique par deux fonctions, simultanées. Le piston des machines, sur lequel sa répulsion s'exerce, est un organe décrivant à chaque oscillation un volume de vide mesuré par sa surface et par sa course. Si la vapeur ne saturait pas ce volume, sa température serait comparable à celle existant sous la cloche des machines pneumatiques lors de la production d'un vide brusque. Au commencement de la course, pendant l'admission, la température de cet espace devant être relevée au degré de la vapeur affluente, 152° pour des vapeurs à 5 atmosphères, la condensation qui effectue ce relèvement de la température est plus abondante que vers la fin, où cette température ne doit être relevé qu'à 50° ou 60° qui est celle des vapeurs détendues. Les expériences de Vickseed et Combes relatées au § 28 mettent en relief cette décroissance.

Ce réchauffement constitue la première fonction en quelque sorte passive du calorique; mais dans le même temps qu'elle s'opère, le calorique latent, ou la force répulsive de la vapeur restante, repousse le piston et produit les kilogrammètres, ce qui constitue la deuxième fonction véritablement active du calorique dans la production du travail mécanique.

§ 40. — *Décroissance et consommation des pressions.* — Il faut distinguer entre les pressions et le calorique; l'effet et la cause. Il a été établi au § 27, que pour porter à 2 atm. la pression d'un mètre cube d'air à 15°, sous la pression de 0m,76, la température devait être relevée de 288°, par l'incorporation dans ce cube de 60c.27; puis qu'une détente de 1 volume ramenait la tension à l'équilibre primitif 0m,76, consommant ainsi toutes les pressions créées par le calorique et développant le maximum de travail qu'elles peuvent produire. Si la pression eût été portée à 5 atm., une détente inférieure à 5 volumes eût aussi réalisé la même consommation. La limite de consommation des pressions motrices développées par une quantité donnée de calories sur l'air ou les gaz, et par suite le maximum de leur travail, ne présente donc aucune incertitude.

Il en serait de même pour les vapeurs si elles ne se détendaient en dessous de la pression atmosphérique. Une détente inférieure à 5 volumes, ramènerait encore à 1 atmosphère, une vapeur d'une pression initiale de 5 atm.; mais la consommation des pressions de 1 atm. à zéro est plus indéterminée; et en dehors des expériences précédemment citées, l'auteur de cette étude ne peut en indiquer d'autres qui préciseraient cette limite.

Il semble résulter d'un calcul présenté par M. Laboulaye, à l'article « *calorie* » du *Dictionnaire des arts et manufactures*, que cette limite ne saurait excéder 14 à 15 volumes. (Le coefficient de chaleur spécifique qui a servi à ces calculs est 0,84 ; depuis lors, Regnault a établi qu'il est en réalité 0,45, mais cette rectification ne change pas le sens général de ces calculs. Dans tous les cas la limite pratique est inférieure à cette indication (lorsqu'il n'est pas introduit de chaleur dans le volume détendu par les enveloppes, on la surchauffe), puisque la détente doit dans tous les cas s'arrêter au point où les pressions motrices sur le piston, ne présentent plus d'excédant sur les frottements et les résistances nuisibles de toutes sortes du mécanisme moteur.

§ 41. — Le calorique est indestructible ; il ne se consomme pas par la production du travail ; il se retrouve intégralement à une température plus basse après la détente.

Air atmosphérique. — Lorsque les pressions du cube d'air soumis à l'expansion (§ 27) ont été consommées par une détente de un volume, la température de l'air qui a développé la totalité du travail mécanique des pressions est encore à 172° au-dessus de la température de 15° ; qui a précédé le chauffage, soit en chaleur sensible ;

$$0{,}947 \times \frac{0{,}2377}{1{,}4} \times 172° = \ldots\ldots\ 36, \quad \text{cal.}$$

Quand aux calories qui ont relevé la température de l'espace décrit par le piston, et qui se retrouvent à l'état latent entre les molécules dont elles constituent le ressort, elles sont :

$$0{,}947 \times \frac{0{,}2377}{1{,}4} \times 288 - 172 = \ldots\ldots\ 24{,}27$$

Total. 60,27

Il faut remarquer que lorsque ce poids d'air dilaté à 2 mètres cubes, est évacué dans l'atmosphère après sa détente, le refroidissement qu'il subit du milieu environnant, le ramène à 15° comme température, et le comprime jusqu'au volume initial 1 mètre cube. Conformément aux lois générales de physique, cette compression doit en exprimer les 24 cal. 27 de force répulsive, qui maintenait l'écartement des molécules à une distance double, de la même manière que la compression de ce poids d'air par un piston les ferait reparaître lorsqu'elle aurait réduit le volume de l'air chaud à un mètre cube.

Finalement une première partie de la chaleur motrice qui est restée sensible se dégage dans l'atmosphère après un premier abaissement de température de. . . . . 116° soit 36 cal.

Le refroidissement et la contraction de ce cube, dégagent dans l'amosphère le complément de la chaleur motrice, qui était latente dans le volume après un nouvel abaissement de température de.	172°	24,27
Total égal.	288°	60,27 cal.

§ 42. — *Vapeur d'eau.* — Après la détente, les vapeurs d'échappement sont dirigées dans l'atmosphère ou sur un condenseur. Dans le premier cas, elles se refroidissent au contact de l'air, dont la pression les contracte et les condense à mesure de l'abaissement de la température. Mais on sait que si cette même compression était opérée mécaniquement, dans un cylindre, elle ferait reparaître la totalité de la chaleur incorporée, lorsqu'elle serait réduite à l'état liquide. Le refroidissement et la compression de l'air qui ramènent les molécules à la même distance, au même volume initial, à l'état liquide, doivent produire le même résultat que la compression mécanique, et dégager dans l'atmosphère la totalité de la chaleur sans cela les lois de la compression n'auraient plus leur sens naturel.

Si les vapeurs de l'échappement sont dirigées sur un condenseur le résultat ne saurait être différent. La condensation en détruisant une atmosphère de vapeur, en contracte encore les molécules, les réduit au volume initial, l'état liquide; et, il est encore conforme aux lois de la compression, que la chaleur latente emmagasinée dans l'atmosphère détruite, dont le ressort maintenait l'écartement des molécules, reparaisse dans l'eau de condensation tout comme elle reparaîtrait sous un piston comprimant, quand cet écartement aurait été détruit et que le volume initial, l'état liquide aurait reparu.

§ 43. — *Expériences de la société industrielle de Mulhouse.* — Les expériences de M. Hirn consignées au tableau du § 30, ne confirment pas les inductions des deux paragraphes précédents. Mais il n'est pas douteux qu'elles présentent des omissions qui vont être établies.

La colonne 24, qui représente la différence des totaux des colonnes 23 et 22 exprimerait des quantités de chaleur que la détente a fait disparaître et qui ne se retrouveraient plus dans l'eau du condenseur. Voici d'après le rapport (*Bulletins* 138 et 139) le texte même de la méthode employée pour constater les quantités de chaleur rendues par le condenseur :

« Le jaugeage de l'eau rejetée du condenseur a été fait directement : la « machine étant à son régime exact de marche, c'est-à-dire la pression, la « détente, la vitesse étant rigoureusement égales aux moyennes valeurs qu'avaient « ces éléments pendant la journée où s'opère le dosage de la vapeur; on recevait « à un instant donné cette eau dans une cuve de dimension assez grande pour « que l'expérience durât 7 à 8 minutes. On relevait alors : 1° la température de « l'eau de $^1/_2$ minute en $^1/_2$ minute; 2° le nombre de coups de piston de la « machine; 3° enfin le nombre de secondes que durait le remplissage de la cuve. « Si nous nommons S la section horizontale de la cuve; *h* la hauteur à laquelle « elle se remplit; N, le nombre de coups de piston; F, la température de l'eau « expulsée; *i*, la température de l'eau injectée et enfin, P le poids de vapeur « dépensé par coup de piston, on a évidemment :

$$(hS : N - P)(F - i) = Q$$

« pour l'expression du nombre Q qu'a gagné l'eau d'injection. La section S, était « très-régulièrement $2^m,904$. La hauteur *h* dépassait toujours $0^m,9$ et pouvait « s'évaluer à $0^m,005$ près ou moins. Le nombre de coups de piston et le nombre « de secondes écoulées allait toujours au-delà de 300 et pouvait s'évaluer à une « unité près. Quand à la moyenne thermométrique convenant à l'eau de conden- « sation, on voit qu'elle était déduite d'une quinzaine (ou plus) d'observations; « d'après les dispositions que j'avais prises pour régulariser l'injection d'eau

« froide, etc., la température oscillait rarement de plus de 0 degré, 6, et le plus « souvent il y avait au moins sept nombres qui ne différaient entre eux que « de 1/2 dixième de degré. L'eau d'injection étant tirée d'un puits profond, ne « variait pas en température pendant le cours d'une expérience. En portant « à 1/200 l'erreur possible sur l'évaluation du nombre de calories qu'abandonne « la machine, je crois indiquer le chiffre le plus élevé que l'on puisse admettre. »

L'auteur indique ensuite que par suite des dispositions de la machine, les pertes de chaleur qui pouvaient exister dans les conduites, de la chaudière au cylindre, du cylindre au condenseur, du condenseur à la cuve de jauge sont des quantités négligeables; mais il semble qu'il en existe d'autres qui ne le sont plus :

1° La quantité très-importante de calories qu'absorbait une cuve de 2^{m^2},904 de section, sur un mètre de hauteur au moins pour prendre la température de l'eau rejetée par le condenseur;

2° La quantité de calories emportée par les vapeurs et l'air chaud sur une surface de 2^m,904 pendant 7 à 8 minutes, à une température de 22 à 41°;

3° Les rayonnements de toutes les parois d'une telle cuve, du condenseur et de la pompe à air;

Ces quantités ajoutées à celles de la colonne 23, pourraient modifier sensiblement les totaux et faire reparaître peut-être les quantités manquantes. Toutefois pour éviter toute hypothèse dans les évaluations qui vont suivre, on admettra la parfaite exactitude des résultats de ces expériences.

Si l'on divise donc le chiffre de la colonne 24, par ceux de la colonne 22, on trouve que la chaleur disparue a varié de 0.10 à 0,16 du total envoyé au cylindre pour des détentes qui ont varié de 1 : 3,0 à 1 : 5,2.

Ces chiffres ne s'éloignent pas sensiblement de ceux des calculs du § 38, qui donnent pour ce rapport :

0,11 pour une détente à 5 volumes;
0,23 — — à 10 —

Mais il faut observer que ces résultats de calcul s'arrêtent à la fin de la détente et ne comprennent pas le dégagement de chaleur latente indiqué § 41, 42.

§ 44. Partant donc de ces résultats qui dans tous les cas indiqueront une disparition de calories plus grande que la réalité, et reprenant le mètre cube de vapeur à 3 at, 75, contenant 1289 calories qui a fait l'objet de l'étude précédente, on trouve que les calories disparues pour une détente de 5 volumes seront :

$$0,11 \times 1289 = 141 \text{ calories},$$

et pour une détente à 10 volumes :

$$0,23 \times 1289 = 596 \text{ calories};$$

de sorte que sa condensation ferait reparaître en chaleur sensible :

Dans le premier cas 1289 — 141 = 1448 calorie;
Dans le second 1339 — 296 = 993 —

Quelles sont donc les conditions à remplir pour produire une deuxième fois es pressions ou des vapeurs avec ce calorique disponible?

Il ne paraît pas impossible de les préciser. Il faut observer d'abord qu'après une détente à 10 volumes les pressions motrices de la vapeur étant épuisées, si on peut produire une deuxième vapeur à la température restante à son échappement, l'effet utile de ce moteur ne sera pas altéré; et la deuxième vaporisation obtenue représentera un travail supplémentaire. La première question qui se pose est donc la détermination de la différence de température qui doit exister entre la vapeur d'un tel échappement et le point d'ébullition d'un deuxième liquide à vaporiser.

Les machines à vapeur combinées, dont l'ingénieuse et méritante idée est due à « *Du Trembley* » ont présenté cette condition spéciale : que la température nécessaire à la vaporisation du deuxième liquide ne permettait pas à la première machine de fonctionner sous une longue détente; et que celle nécessaire à la condensation de cette deuxième vapeur ne permettait pas non plus une longue détente de cette seconde vapeur.

Comme on le verra dans l'extrait qui va suivre du rapport qui a été fait par les ingénieurs de l'État sur le « *Premier voyage du navire à vapeurs combinées le Du Trembley, entre Marseille et Alger en juin 1853* », la détente de la machine à vapeur d'eau comme celle à vapeur d'éther n'était que de 1 volume. Il en résultait qu'une détente aussi insuffisante n'utilisant qu'une partie des pressions motrices de ces vapeurs, la plus grande partie de leur force expansive était détruite par une condensation prématurée; et que le système ne faisait pour ainsi dire que reproduire, pour l'amplitude de la détente, les conditions d'une machine dite de Woolf à deux cylindres, dans le premier cylindre de laquelle l'admission de la vapeur affluente aurait été interrompue dans le premier cylindre à la moitié de la course du piston.

Toutefois cet exemple permet de déterminer avec une certaine approximation la différence de température qui doit exister entre les points d'ébullition de deux liquides, pour que leurs vapeurs puissent être détendues de toute l'amplitude nécessaire à la complète utilisation des pressions.

Si l'on fixe à 5 atmosphères la pression de la vapeur d'eau qui actionnerait une première machine du système « *Du Trembley,* » on sait que, détendue à 10 volumes, sa pression à l'échappement tombe à $0^{at},15$ à $0^{at},20$ et que sa température y est de 50 à 60°. Si on dirige la vapeur de cet échappement sur un vaporisateur à tubes du système *Du Trembley*; la transmission de la chaleur n'ayant lieu qu'en vertu de la différence des températures, il devra exister entre sa température 50 à 60°, et celle de la deuxième vapeur existant à l'intérieur des tubes du vaporisateur une différence de température telles que les vapeurs chauffantes soient condensées en totalité à chaque pulsation.

Voici comment ces conditions étaient remplies dans les machines du navire le « *Du Trembley.* » Le texte suivant est emprunté au rapport qui vient d'être cité :

« La deuxième vapeur des machines à vapeurs combinées du système *Du* « *Trembley* était l'éther dont le point d'ébullition est 37°,8.

« Le vaporisateur de cette deuxième vapeur était imitée des condenseurs à « surface métallique de l'ingénieur anglais « Sem Hall. » Il se composait d'un « recipient clos, traversé de haut en bas par un grand nombre de petits tubes « très-rapprochés les uns des autres, et environnés de toute part par la vapeur « d'eau provenant de l'échappement de la première machine. Le pied de ces tubes

« plongeait dans un réservoir d'éther, qui s'élevait à leur intérieur jusqu'à une « certaine hauteur, et se vaporisait à une certaine tension qui était 1 atm. $\frac{7}{8}$, « dans les machines du navire le « *Du Trembley.* » La vapeur d'éther se ras- « semblait dans une capacité surmontant les tubes, et dans laquelle ils débou- « chaient, ainsi que le tuyau de prise de vapeur de la deuxième machine.

« La vapeur d'eau d'échappement du premier cylindre détendue à un volume, « affluait à chaque pulsation dans le récipient, extérieurement aux tubes, et à une « température d'environ 100 100°. *Les vapeurs d'éther à l'intérieur de ces tubes « étant à une température d'environ 55° ; la vapeur d'eau se condensait contre « leurs parois en vertu de la différence des températures 100° — 55° = 45° et « transmettait à l'éther sa chaleur latente et spécifique.* L'eau de condensation « était aspirée, et refoulée à la chaudière comme eau alimentaire par une pompe « spéciale.

« La vapeur d'éther, après avoir actionné la seconde machine, s'échappait dans « les tubes d'un condenseur à surfaces réfrigérantes, du même modèle que le « vaporisateur. Un courant d'eau froide enveloppant ces tubes la condensait; puis « l'éther liquide était refoulé dans le vaporisateur.

« Le manomètre qui indiquait la tension de la vapeur d'eau, s'est tenu pendant « le voyage, moyennement à 1 atm. $^3/_4$, et celui qui indiquait celle de la vapeur « d'éther à 1 atm. $^7/_8$.

« Le vide indiqué dans le condenseur de la vapeur d'eau était 55 centimètres, « et celui indiqué dans le condenseur de la vapeur d'éther 10 centimètres « seulement.

« Si à ces données, on ajoute que les pistons battaient 32 coups à la minute, « avec une course de $0^m,75$; que le diamètre du cylindre à vapeur d'eau était « $0^m,65$, et celui du cylindre à vapeur d'éther $0^m,80$, enfin que les machines « marchaient à $^1/_2$ détente, on aura les éléments nécessaires au calcul de la force.

« Les machines ont été livrées pour une force de 70 chevaux, en marchant à « la vapeur d'eau sur les deux cylindres et à la pression de 2 atmosphères.

« M. Robin, sous-directeur des constructions navales, a trouvé que travaillant à « 2 vapeurs, et à $^1/_2$ détente, leur force était :

« Sur le piston à vapeur d'eau de.	35 chevaux.	
« Sur le piston à vapeur d'éther de.	36 24	
Ensemble. . . .	71 24	(1)

(1) Ce rapport présente certaines anomalies qui vont être établies. Le rapporteur pour déterminer l'économie de combustible produite par le système des machines du navire le « *Du Trembley* » a relevé les consommations de charbon par heure de navigation, d'abord, lorsque les deux pistons de cette machine jumelle étaient actionnés par la vapeur d'eau; puis lorsque le système fonctionnait avec l'emploi de l'éther, c'est-à-dire lorsque la vapeur d'eau actionnait le premier piston, et que la vapeur d'éther mettait le second en mouvement.

Mais dans les deux cas l'admission de vapeur était fixée à la moitié de la course des pistons, soit $\frac{0,75}{2} = 0^m,375$; et les bielles des deux pistons actionnant le même axe

Il résulte des termes du rapport précédent que la vapeur d'eau d'échappement de la première machine était à 100° et que la vapeur d'éther à l'intérieur du vaporisateur s'y trouvait à 55°. La vaporisation de ce dernier liquide s'effectuait donc en vertu d'une différence de température 100 — 55 = 45°.

Tout ce qui peut accroître cette différence est une amélioration certaine qui active les condensations de la vapeur d'eau et diminue sa contre-pression. Celle-ci se trouvait trop élevée dans les machines du navire le « *Du Trembley* » puisque le manomètre marquait $0^m,55$ au lieu de $0^m,07$ à 0,08 que l'on obtient dans les condenseurs ordinaires, et qu'en outre on ne pouvait prolonger la détente.

Ce serait donc améliorer les conditions du rendement que de porter cette différence à un minimum de 80°, par exemple. Il en résulterait que la différence entre les températures des vapeurs extérieures et intérieures étant 80°, et que la température des vapeurs chauffantes étant 60°; celle des vapeurs qui se développent à l'intérieur devrait être, sous la pression de 5 atm., 60° — 80° = — 20°.

Comme pour porter de l'ébullition à 5 atm. la pression des vapeurs, il faut élever la température d'environ 50°, le point d'ébullition de la seconde vapeur devient — 20 + 50 = — 70°.

En résumé la différence entre les points d'ébullition des liquides des deux vapeurs doit donc être :

Différence entre l'ébullition de l'eau, 100°, et la température des vapeurs d'échappement 60°, soit 100° — 60° = ... 40°

Différence de température entre l'extérieur et l'intérieur des tubes du vaporisateur = ... 80°

Température nécessaire pour porter de 1 à 5 atm. la pression de la deuxième vapeur = ... 50°

Différence totale entre les points d'ébullition des deux liquides. . . . . 170°

---

ceux-ci battaient le même nombre de coups. La consommation de vapeur d'eau était donc dans le premier cas $0^{m^3},3318 \times 0,375 + 0,5026 \times 0,375 = 0^{m^3},3129$; et dans le second $0^{m^3},3318 \times 0,375 = 0^{m^3},1244$: de sorte que le rapport entre les consommations de vapeur d'eau était : : 1214 : 3129.

Le rapport constate que la consommation de charbon par cheval et par heure, lorsque la vapeur d'éther fonctionnait était $1^k,100$, ce résultat étant obtenu par une durée d'expériences de 36 heures 50 minutes, pendant lesquelles l'inventeur en personne dirigeait la machine, les armateurs étant à bord. Tandis que, quand les deux cylindres fonctionnaient à la vapeur d'eau, le rapport accuse une consommation de charbon de $4^k,40$ par heure et par force de cheval, ce résultat étant obtenu d'après le relevé du Journal du bord sur une durée de 2818 heures.

Si le générateur à vapeur d'eau avait eu le même tantième de rendement dans les deux cas, la consommation aurait dû être, lorsque les deux cylindres étaient alimentés par la vapeur d'eau :

1244 : 3129 : : 1,100 : x; x = ...	$2^k,760$
Mais le rapport constate qu'elle était.	4 ,400
Il y avait donc une différence de.	1 ,640

qui provenait, non pas de la différence entre le système des machines, mais bien de celle due au tantième du rendement de la chaudière, dont la surface de chauffe et le foyer devaient être forcés lorsque les deux cylindres fonctionnaient à la vapeur d'eau.

Il faut observer encore que la détente à 10 volumes de la seconde vapeur, comportant un abaissement de température d'environ 100°, le point d'ébullition de son liquide ne pourrait être sensiblement en dessous de celui de la vapeur d'eau, soit 100°, car pour cette température, les vapeurs motrices à 5 atm. tombant à 50 ou 60° à l'échappement, sont à la limite convenable pour être condensées par l'eau d'injection dont la température atteint souvent 10 à 15°.

Mais si le point d'ébullition du liquide de la seconde vapeur est à . . . 100°

Et si on porte la différence de ce point à celui d'ébullition du liquide de la première vapeur environ 170° à 200° au-dessus =. . . . . 200°

Le point d'ébullition du premier liquide se trouvera porté environ à. . 300°

De sorte que la température de ses vapeurs à 5 atm. sera environ 350°, limite à laquelle les mécanismes fonctionnent encore très-régulièrement et peuvent être graissés par les paraffines.

§ 45. *Puissance comparative des deux machines d'un moteur à vapeurs combinées.* Si on représente par 1 calorie la chaleur de la vapeur alimentant chaque pulsation du premier piston d'un tel système, dont les vapeurs sont détendues à 10 volumes, la chaleur disponible après la détente pour la vaporisation du deuxième liquide sera, § 38

$$1 \times 0{,}77 = 0{,}77.$$

Si l'on admet que l'effet utile du vaporisateur intercalé entre le premier et le second cylindre est 0,70 la deuxième vapeur absorbera,

---

Toutefois ce n'est point encore l'anomalie fondamentale que nous voulons signaler. Dans les conditions où les machines à vapeur combinées du navire le « *Du Trembley* » ont fonctionné, elles ne représentaient pas un système fournissant un réemploi de chaleur, mais bien une machine à longue détente. En effet la vapeur d'eau du premier cylindre étant détendue à $^1/_3$ course, ou à 1 volume seulement, sa force expansive inutilisée était réintégrée dans la deuxième vapeur, laquelle se détendait ensuite dans le second cylindre. La détente effective du système était donc :

Volume admis par coup de piston..........................	0^{m3},1244
Détente dans le premier cylindre =........................	0^{m3},1244
Détente dans le second cylindre 0^{m3},1885 × 2............	0 ,3770
Détente totale...........................	0 ,5014

Soit une détente totale de 4,03 volumes. Mais il faut observer que la pression de la vapeur d'éther, était portée à 1 et $^7/_8$ atmosphères, ce qui constituait encore sur les vapeurs d'eau à l'échappement qui se trouvaient à 0^m,72 atm. une augmentation d'effet utile correspondant à une détente excédant 2 volumes. Il en résultait que cette disposition correspondait environ à une détente de 6,03 volumes de vapeur d'eau.

C'est donc avec une machine à vapeur d'eau détendant à 6,03 volumes, pourvue d'un bon appareil de condensation, qu'il aurait fallu comparer les appareils du navire le « *Du Trembley* » tandis que le rapport établit la comparaison avec les machines de ce même navire actionnées par la vapeur d'eau, sous une détente de 1 volume seulement, ce qui constitue l'anomalie essentielle que nous avons voulu signaler dans les termes de cette comparaison.

$$0,77 \times 0,70 = 0^c,54$$

le travail maximum d'une calorie dans les vapeurs saturées étant 47 kilogm., l'effet utile théorique sera :

Sur le premier piston $1 \times 47 = 47$ kilogramm.

Sur le deuxième piston $0,54 \times 47 = 25,4$

de sorte que si les mécanismes rendent 70 %, le rendement effectif sera :

Pour la première machine $0,70 \times 47 = 32^k,9$ kilogramm.

Pour la deuxième machine $0,70 \times 25,4 = 17,0$ —

c'est-à-dire que la puissance du second moteur sera les 0,54 de celle du premier.

Mais si au lieu d'admettre la déperdition de calorique résultant des expériences de la Société industrielle de Mulhouse (1) on adopte les indications des § 41 et 42, le rendement du vaporisateur sera :

$$1 \times 0,70 = 0,70$$

D'où l'effet théorique du second piston sera :

$$0,70 \times 47 = 32,9 \text{ kilogramm.},$$

et le rendement du mécanisme

$$0,70 \times 32,9 = 23 \text{ kilogramm.};$$

Dans ce cas la puissance du second moteur serait 0,70 de celle du premier ; le rendement du second moteur paraît ainsi devoir être compris entre 59 et 70 % du premier.

Une machine à triple vapeur ne serait plus possible attendu que la température de la première vapeur devrait être portée aux environs de 550° qui est celle du rouge naissant à laquelle les pièces des mécanismes ne peuvent être soumises.

§ 46. *Choix du deuxième liquide à vaporiser.* Il résulte des expériences faites par la Société industrielle de Mulhouse sur des machines à vapeur d'eau détendant de 4 à 5 volumes, que la température des vapeurs détendues dans les espaces libres du condenseur, variait de 64° à 58°, suivant que l'enveloppe du premier cylindre était ou n'était pas remplie de vapeur pendant la détente. Pour les détentes de 10 à 15 volumes appliquées par certains constructeurs ces températures sont nécessairement plus basses et ne sauraient excéder beaucoup 40 à 45°.

Or, l'éther bout à 38°, et à $1^{at}\ 3/4$ sa température atteint 55° ; il en résulte que les vapeurs chauffantes d'eau ne peuvent avoir une température inférieure à 100° pour se condenser et transmettre leur chaleur latente à travers les tubes du vaporisateur d'éther. Cette dernière condition ne permet donc pas d'utiliser la puissance motrice des vapeurs d'eau par une détente suffisante.

(1) Voir *Études sur la Combustion de la houille et le rendement des chaudières à vapeur*, 1 vol. in-4° et atlas, 25 fr. et Clausius, *Théorie mécanique de la chaleur*, 2 vol. in-18. Paris, E. Lacroix, 15 fr.

En outre les vapeurs d'éther ne peuvent d'avantage être soumises à une détente convenable. En effet le point d'ébullition du liquide est à 38°, ce qui est précisément la température admise pour l'eau de condensation. L'abaissement de température dans les vapeurs d'eau qui détendent de 10 à 15 volumes n'étant pas inférieur à 100°, n'est plus réalisable avec l'emploi des vapeurs d'éther, en raison des nécessités de la condensation.

C'est donc avec un liquide ayant un point d'ébullition à 170 ou 200° au-dessus de l'eau que la question d'un deuxième emploi du calorique par les vaporisations est possible. Bien des conditions toutefois sont à remplir. Il faut d'abord que l'eau renfermée dans un vaporisateur tubulaire puisse fournir des vapeurs aussi abondantes que l'éther, ces tubes étant en contact avec des vapeurs détendues dont la température est 250° par exemple. Il faut ensuite pour la première vapeur trouver un liquide d'une vaporisation régulière aux environs de 300°. Les huiles remplissent cette condition, elles fourniraient des vapeurs ayant le grand avantage de pouvoir, par leur condensation pendant la détente, lubrifier les mécanismes. Une partie de ces corps gras se décomposent il est vrai par la vaporisation, et produisent des gaz incondensables. Toutefois il est assez probable que la rectification des huiles lourdes de houille, de pétrole ou de schiste pourrait fournir un produit exempt de ce dernier défaut.

§ 47. *Chaleur latente de la deuxième vapeur.* La solution pratique de l'objet de cette discussion est indéterminée dans tous les sens. Les évaluations précédentes sur la puissance relative des vapeurs combinées d'un moteur, supposent les mêmes lois de détente dans les deux cas, et par suite les mêmes chaleurs latentes et spécifiques.

Le peu d'expériences que l'on possède dans cette direction prouvent qu'il n'en est point ainsi; et que ce sont les vapeurs d'eau qui renferment les plus grandes quantités de chaleur latente et sensible. Les chaleurs latentes des huiles paraissent faibles. Elles ne peuvent être précisées ici. Mais les chaleurs latentes des vapeurs d'éther qui sont faibles étant connues, il est possible de fixer un peu les idées dans cette direction, en comparant les chaleurs totales, renfermées dans un même volume, une même cylindrée de vapeur d'eau et d'éther :

A 1 atm. le poids d'un litre de vapeur d'eau = ... 0g,588

A 1 atm. le poids d'un litre de vapeur d'éther = ... 2, 565

les chaleurs étant,

	Spécifique.	Latente.
Pour l'éther	0,52	96 calories.
Pour l'eau	1,00	550 calories.

la chaleur totale pour une même cylindrée de 10 litres par exemple, sera pour les deux cas,

	Eau.		Ether.	
Chaleur sensible	0k,00588 × 100 =	0c,588 et	0k,02565 + 0,52 × 38° =	0c,494
Chaleur latente	0k,00588 × 550 =	3c,234 et	0k,02565 × 96 =	2c,462
		3, 822		2, 956

Comme les vapeurs dont la chaleur latente est faible se condensent par le refroidissement en plus grande quantité, que celle dont la chaleur est plus considérable ; ce fait apporterait une perturbation dans la loi de détente des vapeurs d'huile. En outre la quantité de chaleur renfermée dans une cylindree étant moindre quand les vapeurs sont lourdes, l'amplitude de la détente y serait moindre aussi. Il faut donc conclure que si la question de principe d'un double emploi de la chaleur, par une deuxième vaporisation n'est pas douteuse, la détermination des liquides qui peuvent la réaliser présente une grande incertitude.

§ 48. *Du réemploi de la chaleur appliquée à la production du travail mécanique, par l'air atmosphérique.*

Il a été établi (§ 28.), que pour porter à 2 atmosphères la pression d'un mètre cube d'air par le chauffage direct, il faut élever la température initiale de 288°, ce qui pour de l'air à 15° correspond à une absorption de chaleur de 60,27 calories; puisqu'en faisant détendre ce mètre cube de manière à utiliser la totalité des forces expansives qu'il renferme, sa température s'abaissait de 303° à 187°; soit 187 — 15° = 172° au-dessus du point de départ.

Le poids d'un mètre cube d'air à 15° étant $\frac{1}{1+0{,}00367\times 15}\times 1{,}300 = 1{,}230$; et la quantité de chaleur disponible après l'utilisation totale des forces expansives, n'étant autre que la chaleur moléculaire, puisque la partie latente dans l'espace dilaté n'est plus sensible, on trouve que cette quantité disponible, après cette utilisation, est :

$$1{,}230\times\frac{0{,}2378}{1{,}4}\times 175 = \quad 36{,}50 \text{ calories.}$$

Mais la quantité totale de chaleur utilisée pour le chauffage de ce mètre cube ayant été de. . . . . 60,27 calories,
la partie disparue en chaleur latente est.. . . . . 24,77 calories.

Le rapport entre la chaleur disparue et la chaleur totale génératrice du travail est donc, $\frac{24}{60{,}2}$ = (1). 0,40
soit pour la chaleur susceptible de réemploi.. 0,60
1,00

§ 49. La tentative faite par Ericson sur les machines à air chaud (2), pour retrouver la chaleur sensible, ou les 0,58 de la chaleur initiale que possède l'air chaud à l'échappement de ces machines, prouve qu'il existe des moyens pratiques d'utiliser plusieurs fois cette partie du calorique. L'appareil nommé « *régénérateur,* » qu'il a imaginé pour cette fonction se composait d'un paquet de toiles métalliques, que l'air à réchauffer ou à refroidir devait traverser. Ericson a prouvé que par ce moyen, l'air ou les gaz permanents, peuvent perdre ou acquérir une température de plus de 400°; en moins d'un cinquantième de seconde, en traversant un régénérateur de 15 à 20 centimètres d'épaisseur.

---

(1) Ces calculs sont toujours basés sur les indications des expériences de la société industrielle de Mulhouse, car si la contraction que l'air éprouve en se refroidissant restituait la chaleur latente qui lui a été incorporée ce serait la chaleur totale et non pas 0,60 qui serait susceptible de réemploi.

(2) Voir le rapport de M. Tresca sur cette machine : *Annales du Conservatoire*, t. Ier. Librairie Lacroix. Prix : 20 fr.

Voici du reste les dimensions d'un appareil de ce type pour machines de 10 chevaux, extraites du traité de mécanique déjà cité de M. Léon Pochet.

Surface des toiles métalliques = ...	0,60×0, 40
Nombre de toiles métalliques superposées.	120
Epaisseur de ces 120 toiles ou du régénérateur. . .	0m, 20
Diamètre du fil de fer des toiles.	0 001 m/m
Ecartement des mailles, de fil en fil.	0 005
Nombre de mailles au décimètre quarré	400
Nombre de mailles pour une toile.	9,600
Nombre de mailles des 120 toiles.	1,152,000
Poids du régénérateur..	52 kilg.

La quantité de chaleur susceptible d'être reprise et rendue, à chaque coup de piston, pour le cas qui nous occupe serait donc $52 \times 175 \times 0,11 = 1000$ l calories.

Si un tel régénérateur fonctionnait théoriquement et sans déchet (nous n'avons pas à nous occuper ici de la solution pratique qui est d'un autre ordre) (1), c'est-à-dire si dans ce cas, l'air chaud de l'échappement en traversant l'appareil eut été ramené de 175° à 15°, et si l'air froid de l'admission suivante eut été porté de 15 à 175°, le cylindre réchauffeur n'aurait eu à fournir à chaque pulsation que les 0,42 du calorique absorbé par la détente. Le régénérateur eut alors indéfiniment absorbé et rendu à chaque pulsation, c'est-à-dire réutilisé pendant toute la la durée de la marche de la machine, les 0,58 de calorique absorbé au premier coup de piston.

§ 50. Il existe donc une différence essentielle dans la manière dont une même quantité de chaleur peut être utilisée plusieurs fois à la production du travail mécanique, suivant que l'on emploie les vapeurs saturées ou les gaz permanents : *Dans ce dernier cas*, une même quantité de chaleur spécifique ; que l'on peut fixer théoriquement à 0,60 de la chaleur initiale est susceptible d'un réemploi indéfini ; tandis que, avec les vapeurs saturées, une certaine quantité de chaleur latente et spécifique décroissante à *chaque vaporisation nouvelle*, peut être réemployée un nombre limité de fois, lorsqu'on dispose de liquides convenables pour effectuer la première vaporisation à une température élevée, et descendre l'échelle thermométrique, jusqu'à la température atmosphérique par plusieurs vaporisations.

---

(1) Un type nouveau de machine à air chaud de petite force avec piston moteur de 0m,171, par M. Rider de New-York, a fonctionné à l'exposition de Philadelphie. Les prospectus lui attribuent une économie de combustible tellement considérable que 20 kilos de houille, suffiraient pour faire marcher une machine de trois chevaux pendant 10 heures, ce qui est visiblement exagéré. Elle présente sur l'ancien type d'Ericson les modifications essentielles suivantes : La machine utilise continuellement le même air, qui abandonne et reprend dans le régénérateur une partie de sa chaleur, et achève de se refroidir et de se contracter dans un cylindre spécial. Le régénérateur au lieu d'être formé de toiles métalliques est composé de tôles minces. Enfin le mécanisme est très-simplifié, puisqu'il n'y a plus ni soupape, ni ressort, ni came, ni levier ni excentrique. Son but principal paraît être de desservir la petite industrie, machines à coudre, travaux en chambre divers etc., etc. MM. Hayward, Tyler et Cie de Londres ont entrepris de la construire sur une grande échelle.

§ 51. *Comparaison des maximum de rendement en travail d'une calorie par les vapeurs et l'air atmosphérique.* Le rendement en travail mécanique d'une calorie pour une première utilisation des pressions développées par la chaleur a été trouvé :

Pour l'air atmosphérique =.	75 kilogrammètres.	
Pour les vapeurs surchauffées à 230 = 68 à 64		—
Pour les vapeurs saturées =..	47	—

Si l'on réussit à trouver un liquide réunissant les conditions nécessaires a une deuxième vaporisation permettant une longue détente pour les deux vapeurs, l'effet utile d'une calorie par les vapeurs saturées deviendrait théoriquement.

Premier moteur	47	47 kilogramm.	
Deuxième moteur	25	à 33	—
	72	80	—

effet utile qui pourrait être porté à 90 ou 100 kilogrammètres par la surchauffe.

Quant à l'air atmosphérique, si l'on admet un régénérateur théorique, restituant les 0,60 de chaleur sensible qui reste dans l'air détendu, il suffira de fournir pour chaque pulsation du piston 0,40 de la chaleur nécessaire à actionner le premier coup, de sorte que le maximum obtenu précédemment par une calorie, le serait à l'aide du fonctionnement de cet organe par les 0,40 de calorie. Dans ces conditions le rendement d'une calorie serait accru dans la proportion suivante :

$$0{,}40 : 75 :: 1 : x,\ x = 187 \text{ kilogrammètres.}$$

Et si l'on admet qu'il est possible de faire produire un effet utile de 60 % à cet appareil le rendement effectif d'une calorie sera :

$$187 \times 0{,}60 = 110 \text{ kilogmt.}$$

Le rendement d'une calorie par l'air est donc sensiblement supérieur à celui des vapeurs. En outre il est obtenu à l'aide d'un seul mécanisme, tandis que pour les vapeurs, le progrès qui reste à accomplir doit être obtenu par l'intercalation d'un deuxième moteur.

Mais la question pratique est loin d'être aussi bien résolue dans les moteurs à air que dans ceux à vapeur. La solution d'un régénérateur restituant le calorique dans de bonnes conditions, ne paraît pas encore obtenue. Le régénérateur primitif d'Ericson déterminait des contre-pressions, pour le refoulement de l'air chaud à travers des tissus métalliques qui ont fait renoncer à son emploi ; car, les pressions motrices ne pouvant excéder un atm. en raison des températures nécessaires pour produire cette pression qui excèdent 300°, il importe de diminuer les contre-pressions.

En outre, le chauffage de l'air moteur s'effectue dans des conditions très-défavorables; il a lieu dans le cylindre moteur ou son prolongement, et en raison du peu d'étendue des surfaces de chauffe, une grande partie de la chaleur du foyer est emportée dans l'átmosphère.

Enfin en dehors de la défectuosité de ces organes essentiels, ces machines ne fonctionnant que sous une pression effective de 1 atmosphère, sont plus volumineuses que les moteurs à vapeur et doivent encore augmenter de volume, si l'on parvient à leur appliquer un système de chauffage de l'air ayant de grandes surfaces de chauffe, de manière à utiliser plus complètement la chaleur du foyer.

Malgré ces différentes conditions d'infériorité, l'importance du rendement théorique de ces moteurs, indique assez que leur perfectionnement doit être poursuivi en même temps que celui des moteurs à vapeur.

Cette étude a été faite par la simple discussion, par l'examen des expériences de précision, par l'application des principes classiques de physique. C'est une *ébauche donnant des résultats généraux*, que de nouvelles expériences pourront préciser, à mesure que le temps et les circonstances conduiront les physiciens ou les industriels dans cette voie. Mais dès aujourd'hui, elle pourrait avoir pour résultat de dégager la théorie mécanique de la chaleur, de l'impasse nuageuse dans laquelle elle se trouve immobilisée depuis un quart de siècle; et de la replacer sur sa vraie base, source féconde des progrès qui restent à accomplir dans l'industrie des moteurs : l'étude des conditions de vaporisation des divers liquides, et de leur chaleur latente et spécifique; celle de la consommation des pressions des vapeurs et des gaz, et la détermination *expérimentale des lois* qui régissent leurs mouvements d'expansion.

L. Mariotte.

Imprimerie et Librairie de E. Lacroix, 54, rue des Saints-Pères, Paris.

ESPÈCE DE MACHINE.	NOMBRE DE TOURS PAR MINUTE.	DÉTENTE.	PRESSION — DANS LA CHAUDIÈRE.	PRESSION DANS LE CYLINDRE — AVANT la détente.	PRESSION DANS LE CYLINDRE — APRÈS la détente.	PRESSION DANS LE CYLINDRE — APRÈS la condensation.	FORCE EN CHEVAUX.	VAPEUR par heure et par cheval.	HOUILLE par heure et par cheval.	VAPEUR par kilog de houille.	ÉCONOMIE DUE A LA SURCHAUFFE — EN VAPEUR.	ÉCONOMIE DUE A LA SURCHAUFFE — EN HOUILLE.	TEMPÉRATURE — DE LA VAPEUR.	TEMPÉRATURE DE L'EAU — D'INJECTION	TEMPÉRATURE DE L'EAU — DE CONDENSATION.	CALORIES DISPONIBLES DE LA VAPEUR ENVOYÉE AU CYLINDRE DUES — A LA VAPEUR INTRODUITE DANS le cylindre et répondant à un coup de piston.	A L'EAU vésiculaire.	A L'ACTION DE l'enveloppe de Watt.	AU FROTTEMENT.	PERDUES par les parois.	TOTAL.	CALORIES REÇUES PAR L'EAU INJECTÉE ET RÉPONDANT A UN COUP DE PISTON.	DIFFÉRENCE ou calories disparues.	TRAVAIL DU A LA DÉTENTE pour un coup de piston.	ÉQUIVALENT MÉCANIQUE.	CALORIES DISPARUES par kilo de vapeur.	TRAVAIL EFFECTIF DÉVELOPPÉ par une calorie
1	2	3	4	5	6	7	8	9	10	11	12	13	14	15	16	17	18	19	20	21	22	23	24	25	26	27	28
Vapeur saturée.																									25/24		25/22
				atm.	atm.	atm.	ch.		k.	k.														k. m.	kgm.	c.	kgm.
1°. 1 Cylindre. . . .	54	1:3,4	4,5	3,35	1,2	0,25	102	15k64	3,51	4,58			149°	8°3	31°3	0k4683 (651°9 — 31°3) = 290c7	2,75	0	1	—2	292,5	(11k622 — 0k493) (31°3 — 8°3) = 256	36,5	5,502	151	77	18,8
2°. 1 —	54	1:5,2	4,5	3,12	0,8	0,17			?	?	?	?	149	8,3	25,4	0,3408 (651°9 — 25,4) = 213c5	2,11	0	»	—2	214,1	(11,5523 — 0,3408) (25°4 — 8°3) = 191,7	22,4	?		60	
3°. 2 —	47	1:4,3	3,75	3,7	0,81	0,3	102	12,30	1,92	6,21			143	15	41,12	0,4125 (650,1 — 41,12) = 252c	0	10c',9	1,5	4,3	264,5	(9k184 — 0k4125) (41°12 — 15°) = 229,1	35,4	5,646	159	85	21,3
4°. 2 —	47	1:4,3	3,75	3,7	0,81	0,3	102	12,30	2,11	5,69			143	7,6	39	0,4125 (650,1 — 39) = 252c	0	10c',9	»	4,3	264,5	(7,819 — 0k4135) (39° — 7°6) = 231,8	32,7	5,646	173	79	21,3
Vapeur surchauffée.																											
5°. 1 Cylindre. . . .	54	1:3,4	4,5	3,85	1,1	0,18	130	9,6	1,77	5,43	38 1/2 p. 100	52 p. 100	240	8	29,4	0,3866 (651°9 — 29,4 + 41°) = 256c5	0	0	»	—3,2	254,3	(10,833 — 0,3866) (29°4 — 8°) = 213,6	40,7	5,111	126	105	20,»
6°. 1 —	54	1:5,2	4,5	3,62	0,7	0,16	94	9,2	?	?			240	8	22,3	0,2666 (651°9 — 22°3 + 41) = 178c8	0	0	»	—3,5	176,3	(10,795 — 0k2666) (22°3 — 8°) = 150,8	25,5	4,518	177	95	25,6
7°. 2 —	47	1:4,3	3,75	3,7		0,2	107	10	1,60	6,48	20,3 p. 100		215	15,6	37,64	0,3803 (650,1 — 37,6 + 32,4) = 245,3	0		»	—6,4	240,4	(9,9229 — 0,3803) (37,64 — 15°6) = 210,3	30,1	6,152	204	74	25,6
8°. 2 —	47	1:4,3	3,75	3,7		0,2	109	9,28	1,54	6	24 1/2 p. 100	27,5 p. 100	235	7,7	34,41	0,3588 (650°1 — 34°41 + 41,4) = 235c8	0		»	—7	230,3	(8,126 — 0,359) (34°41 — 7°7) = 207,4	22,9	6,302	275	63	25,5
9°. 2 — Enveloppe vide. .	47	1:4,3	3,75	3,7		0,2	88	11,7	?	?	5 p. 100		214	8	34,46	0,3735 (650,1 — 34,46 + 32) = 240c	0	0	»	inappréciable.	241,5	(8,084 — 0,3735) (34°46 — 8°) = 204	37,5	4,521	120	100	18,7
10°. Enveloppe pleine de vapeur saturée à 3a,75.	47	1:4,3	3,75	3,7		0,2	102	9,52		?	22 6/10 p. 100		225	8,2	36,75	0,3444 (650°1 — 36°,7 + 36,9) = 223,7	0	3c',4	»	4,3	236,1	(7,172 — 0,3444) (36°75 — 8°2) = 195	33,6	5,646	165	97	23,9

Paris, Eugène LACROIX, Directeur, 54, rue des Saints-Pères.

Imprimerie E. Lacroix.

ANNALES

DU

GÉNIE CIVIL

RECUEIL DE MÉMOIRES

SUR LES PONTS ET CHAUSSÉES, — LES ROUTES ET CHEMINS DE FER
LES CONSTRUCTIONS ET LA NAVIGATION MARITIME ET FLUVIALE
L'ARCHITECTURE, — LES MINES, — LA MÉTALLURGIE, — LA CHIMIE, — LA PHYSIQUE
LES ARTS MÉCANIQUES, — L'ÉCONOMIE INDUSTRIELLE, — LE GÉNIE RURAL

renfermant

DES DONNÉES PRATIQUES SUR LES ARTS ET MÉTIERS ET LES MANUFACTURES

ANNALES ET REVUE DESCRIPTIVE DE L'INDUSTRIE FRANÇAISE ET ÉTRANGÈRE

Répertoire de toutes les inventions nouvelles

PUBLIÉES PAR UNE RÉUNION
D'INGÉNIEURS, D'ARCHITECTES, DE PROFESSEURS ET D'ANCIENS ÉLÈVES DE L'ÉCOLE CENTRALE
ET DES ÉCOLES D'ARTS ET MÉTIERS

Avec le concours

D'INGÉNIEURS ET DE SAVANTS ÉTRANGERS

E. LACROIX ❋

Membre de la Société industrielle de Mulhouse, de l'Institut royal des Ingénieurs hollandais
de la Société des ingénieurs de Hongrie

DIRECTEUR DE LA PUBLICATION

TABLE PAR ORDRE ALPHABÉTIQUE

DES MATIÈRES DE LA PREMIÈRE SÉRIE

Cette table comprend les années 1862 à 1871 inclusivement, qui forment NEUF VOLUMES, et le complément pour 1867-68, en HUIT VOLUMES, publiés sous le titre spécial d'ÉTUDES SUR L'EXPOSITION DE 1867.

PARIS

LIBRAIRIE SCIENTIFIQUE, INDUSTRIELLE ET AGRICOLE

Eugène LACROIX, Imprimeur-Éditeur

Libraire de la Société des Ingénieurs civils de France, de celle des anciens Élèves
des Écoles d'Arts et Métiers, de la Société des Conducteurs des Ponts et Chaussées
de MM. les Mécaniciens de la Marine, etc., etc.

54, RUE DES SAINTS-PÈRES, 54

CONDITIONS DE LA SOUSCRIPTION AUX ANNALES DU GÉNIE CIVIL.

Les **Annales du Génie civil** paraissent depuis le 1er janvier 1862; elles se composent mensuellement d'une brochure de 5 feuilles grand in-8, avec figures intercalées dans le texte et 4 planches in-4 ou in-folio, de manière à former chaque année un volume d'environ 900 pages et un atlas d'environ 40 planches.

Prix de l'abonnement annuel :

Paris	20 fr. »
Départements, Alsace, Lorraine et Algérie	25 fr. »
Etranger	30 fr. »
Pays d'outre-mer	35 fr. »
Les numéros ou articles se vendent séparément	4 fr. »
Pour l'étranger et les pays d'outre-mer	5 fr. »

Les recouvrements sur la province étant très-onéreux pour des sommes au-dessous de 100 fr. et quelquefois impossibles pour certaines localités, nous prions instamment nos Abonnés de suivre le mode que nous leur indiquons :

On s'abonne en adressant (franco), à l'ordre de M. Eugène LACROIX, Propriétaire-Gérant, demeurant à Paris, 54, rue des Saints-Pères, un mandat sur la poste ou un effet à vue sur Paris.

Conditions de la souscription pour ceux de nos nouveaux abonnés qui désireraient la collection entière des ANNALES DU GÉNIE CIVIL, *y compris le supplément à l'année 1867, c'est-à-dire les* ETUDES SUR L'EXPOSITION :

Les années 1862 *à* 1871 *inclus* (10 *années*), *forment* 9 *volumes et* 9 *atlas à* 20 *fr.*	180 *fr.*
Il n'a été publié, pour les années 1870 et 1871, qu'un seul volume et un seul atlas. (La guerre l'a voulu ainsi.)	
Le complément à 1867 *et* 1868 *ou* Etudes sur l'Exposition de 1867, 8 *volumes et* 300 *planches*	120
Total	300 *fr.*

pour les nouveaux abonnés à l'année 1872.

Payables en six paiements, *dont le* premier de 50 fr. *au comptant, et les cinq* autres *en* 5 *billets de* 50 *fr. chacun, échelonnés à* 3 *mois d'intervalle.*

Pour les personnes qui préféreront payer comptant, il y aura escompte de 10 0/0.

IMPRIMERIE POLYTECHNIQUE DE E. LACROIX, à St-Nicolas-Varangéville (Meurthe).

AVERTISSEMENT

Les *Annales du Génie civil* ont leur place marquée dans toutes les bibliothèques publiques, dans celles des corps enseignants, des ingénieurs des ponts et chaussées, des ingénieurs civils, des architectes, des grands industriels, des agriculteurs, en un mot, cette publication compte parmi ses abonnés toutes les personnes que les progrès des sciences appliquées à l'industrie intéressent à un titre quelconque.

Chaque année le Directeur des *Annales* a eu soin de faire dresser une triple table, l'une par ordre alphabétique des matières, la deuxième par noms d'auteurs, la troisième consacrée à l'énumération des planches renfermées dans l'atlas de chaque année ; mais, aujourd'hui que la première série est terminée, les *Annales du Génie civil* se composent d'abord de *neuf volumes* pour la publication proprement dite (1862 à 1871 inclusivement), de *huit volumes* pour le complément des années 1867-1868, qui a été publié sous le titre d'*Études sur l'Exposition de* 1867, ou *Annales et archives de l'Industrie au XIX*e *siècle,* et de onze atlas. C'est donc dans dix-sept volumes et dans onze atlas qu'il faut faire des recherches lorsqu'on veut trouver l'indication ou la description d'une invention nouvelle ou d'un perfectionnement apporté dans une des branches quelconques de l'industrie, et ces recherches longues et fastidieuses fatiguent et rebutent parfois les travailleurs les plus laborieux.

Afin de diminuer l'aridité de ces recherches à ses anciens abonnés, comme aux nouveaux qu'il espère voir se grouper autour de sa publication, le Directeur des *Annales du Génie civil* n'a pas reculé devant les dépenses de temps et d'argent que devaient lui imposer la confection et l'impression de trois tables générales pour les dix-sept volumes et les onze atlas, tables renfermant :

1° La nomenclature des matières par ordre alphabétique ;

2° La nomenclature des auteurs des articles et des auteurs des inventions décrites, également par ordre alphabétique ;

3° La légende descriptive de toutes les planches publiées dans les *Annales du Génie civil* et leur complément, les *Études sur l'Exposition*.

A l'aide de ces tables, il sera facile pour tout le monde de connaître l'historique de chaque industrie et de suivre les transformations successives que l'esprit de progrès y a fait réaliser.

La feuille que nous publions aujourd'hui renferme la lettre A et le commencement de la lettre B par ordre alphabétique des *matières*. Nous tâcherons que les autres suivent rapidement.

ANNALES DU GÉNIE CIVIL

1re SÉRIE (1862 à 1871 inclusivement)

TABLE

PAR ORDRE ALPHABÉTIQUE DES MATIÈRES

(Quand l'année est indiquée, l'article a été publié dans les *Annales du Génie civil* proprement dites; 1870 est une abréviation pour 1870-1871; quand l'année n'est pas indiquée, l'article a été publié dans un des 8 volumes des *Études sur l'Exposition de* 1867, formant le complément des *Annales* pour les années 1867-1868.)

A

—

—

AIR COMPRIMÉ.

—

ALLIAGES.

ALLUMETTES CHIMIQUES

—

ARCHITECTURE.

ART MILITAIRE.

ASTRONOMIE.

B

BEAUX-ARTS.

JOURNAUX SIGNALÉS.

BIJOUTERIE.

BOIS.

BOULANGERIE.

1870-1871.

Bronzes et fontes d'art.

Chauffage.

Chaussées.

Chemins de fer.

Construction.

Ponts.

Cheminées.

Chimie

théorique, pratique et industrielle.

Chocolat.

Ciments.

www.ingramcontent.com/pod-product-compliance
Ingram Content Group UK Ltd.
Pitfield, Milton Keynes, MK11 3LW, UK
UKHW022126190726
13855UKWH00003B/1047